走进世界顶级建筑事务所

名建筑诞生之地

World
Architecture
Offices

日经建筑
［日］江村英哲　　著
菅原由依子
张维　译

中国建筑工业出版社

目录

前言

随手扔块石头都能砸到建筑师——据说在意大利，从事建筑行业的人就是如此之多。亲戚全都是建筑相关的从业者之类的情况也并不罕见。但是在涉及范围极广的建筑业界里，从事建筑设计，并能被称为著名建筑师的人，却是屈指可数的。谁都可以敲开建筑这扇门，但要在激烈的竞争中脱颖而出却不容易。

伦佐·皮亚诺出生于意大利热那亚的建筑世家。祖父、父亲、哥哥都是与建筑业相关的从业者，皮亚诺从小就经常出入父亲工作的建设工地。

劳动者们都是手脑并用，后辈通过观察前辈的工作方法来学习技术的。在意大利，这种创造精神被称为“工坊”（Bottega），从文艺复兴时期至今代代相传。皮亚诺也深受其影响，他所设立的设计事务所“伦佐·皮亚诺建筑工作室”正体现了工坊和团队精神。

建筑师和艺术家的不同之处在于，设计的创作行为和组织的管理是密不可分的。建筑师若是要接手一项足以留名后世的大型项目，无论是从工作量方面，还是从社会关系网方面来看，都需要其拥有一定规模的设计事务所，才能得到委托方的信任。即使是世界闻名、佳作无数的皮亚诺，在单飞之后也一直贯彻着“建筑并非只由一个人来完成”的理念。

《日经建筑》的记者以伦佐·皮亚诺建筑工作室为起点采访了分布在四个国家的七家建筑事务所，这些报告全都收录在本书中。内容包括各个事务所的创建者心中的建筑哲学、各地的文化·经济背景、以及各事务所现在处于怎样的成长阶段，等等。在本书中能读到各事务所存在着完全不同的组织形式。

举个例子，皮亚诺的建筑工作室已经非常接近于他所追求的工坊形态，还设立了致力于培养后辈的基金会，因此我们可以将其看作“成熟”的事务所。另一方面，荷兰的 MVRDV 建筑事务所由年轻设计师组成，他们背负着社会的信任，致力于扩大事务所的规模，因此可以说正处于“蜕皮”阶段。

读这本书的一大乐趣是，你能一边翻页一边观赏到建筑师的工作场所，因为书中载有许多他们设计的建筑作品的图片。对于想要在国外工作的建筑业相关从业者或者年轻人来说，此书是非常值得一读的。

此书最想传达给读者们的是，建筑师的工作看起来外表光鲜，但在人后他们经历了怎样的曲折和摸索，又是抱着怎样的信念来经营自己的设计事务所的。还有一点就是，围绕在建筑师身旁的事务所员工和管理层的合伙人如何支持着建筑师的工作，直面迎接时代的挑战。希望这是一本能给日本的建筑相关从业人士带来既有趣又有意义的书。

菅原由依子

挑战最新的结构技术和素材，创造了众多名作的伦佐·皮亚诺。

我们深入其大本营——位于意大利热那亚的事务所，进行了采访。

事务所在全世界范围的员工总数为 140 人。通过限制事务所的规模，

实现了皮亚诺能亲自参与全部项目的“工坊”模式。

不扩大规模
而是通过工坊模式走向“

不是直接教授
而是通过“创造的过程”来培育人才

Renzo
Building V

伦佐·皮亚诺建筑工作室

iano
orkshop

1 伦佐·皮亚诺建筑工作室的热那亚分公司。截至 2016 年 5 月，在这里工作的有 51 名员工。 皮亚诺在自己的书里写道：“在这个空间里没有等级制度，它是为了让所有人感受到同等的劳动乐趣而设计的……在这个倾斜的屋檐下聚集的建筑师、研究者、客户、技术人员等，所有人都能在这个建筑的各个楼层里看到彼此。”

OFFICE LOCATION

办公地点

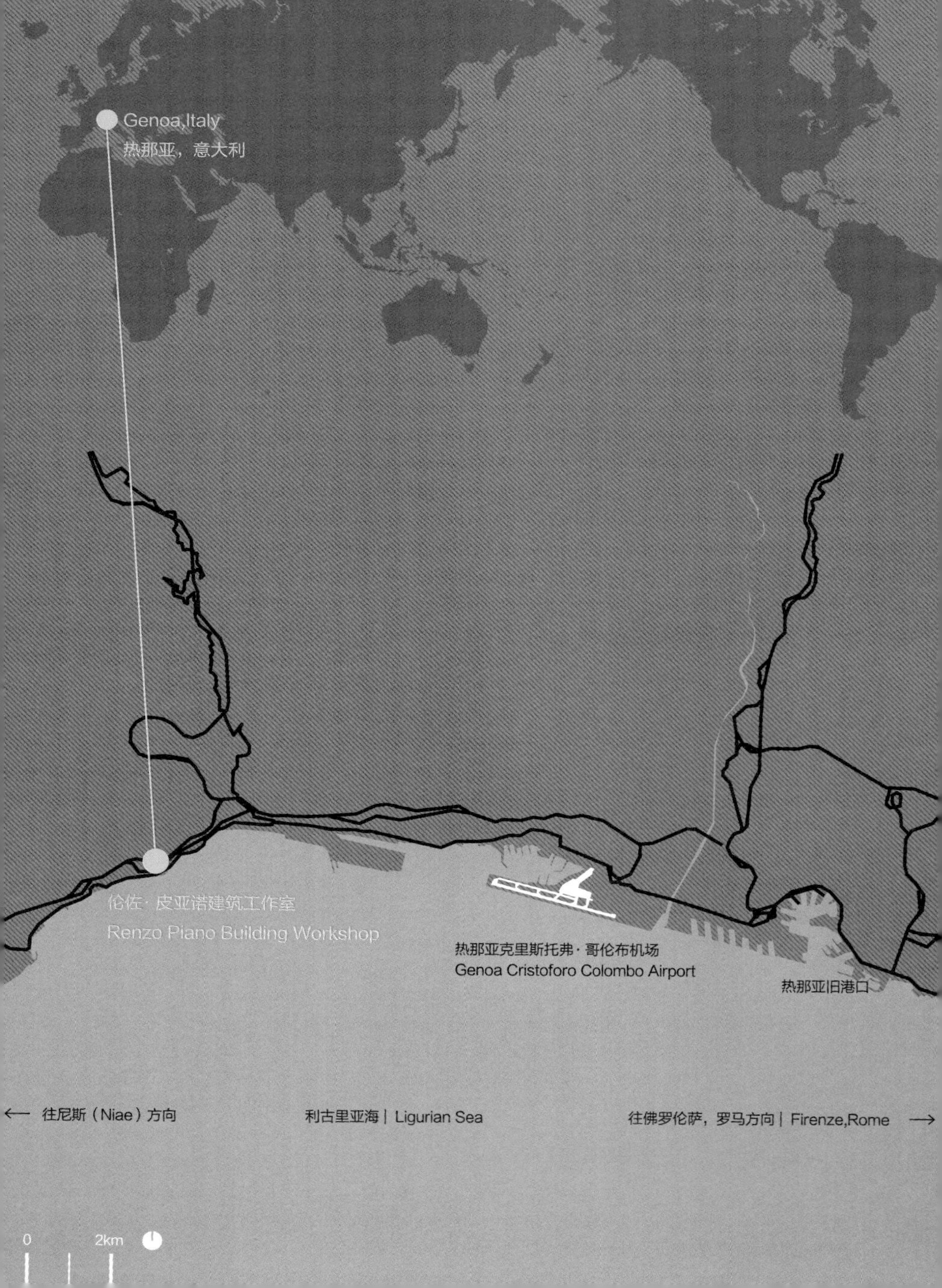

伦佐·皮亚诺	创建者	平均年龄
建筑工作室概况	伦佐·皮亚诺	37 岁
成立	员工数	营业额
1981 年	约 140 人	约 3000 万欧元（约 2.26 亿人民币）
		进行中的项目
		32 个

2 创建者伦佐·皮亚诺

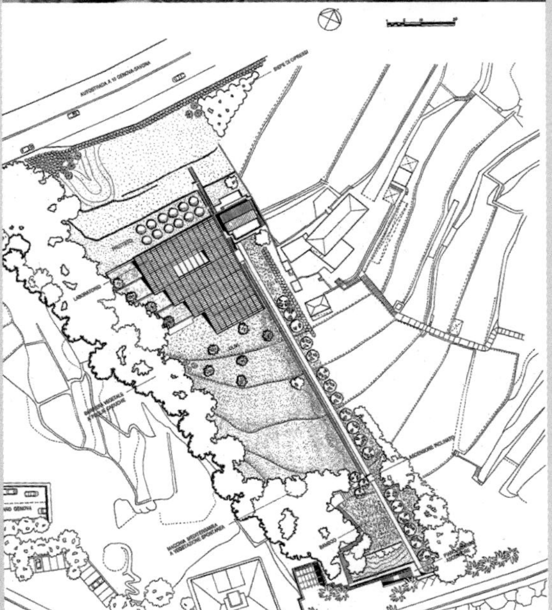

区位图

热那亚分公司所在地原本是皮亚诺家族所拥有的农田。分公司建成后，沿海的一座原有的建筑被改造成伦佐·皮亚诺基金会大楼

这下面是食堂
整面墙上排列着
建筑相关的书籍
关西国际机场的主
要构造桁架
RENZO PIANO
BUILDING WORKSHOP
在洒满阳光的露台，围着
桌子开心地享用午餐
蓬皮杜中心的
构造模型
这是佐伦·皮亚诺最喜欢的地
方 —— 创意板，视觉化的呈现
了皮亚诺的脑中世界，A4 大小
的企划书和草图井然有序地排
列着
设计负责人不在时，也能从创
意板上知晓项目的进行情况
年轻员工所在的楼层
摆放着进行中项目
的设计图和模型
风之造型师 —— 新宫晋的作
品“海的声音”(1995)
能摊开大幅设计图
进行商洽的桌子
梯田中间还设有贵
宾用的直升机坪
偶尔在竹
步，转换
越往下斜面越陡，
能体验到云霄飞车
的感觉

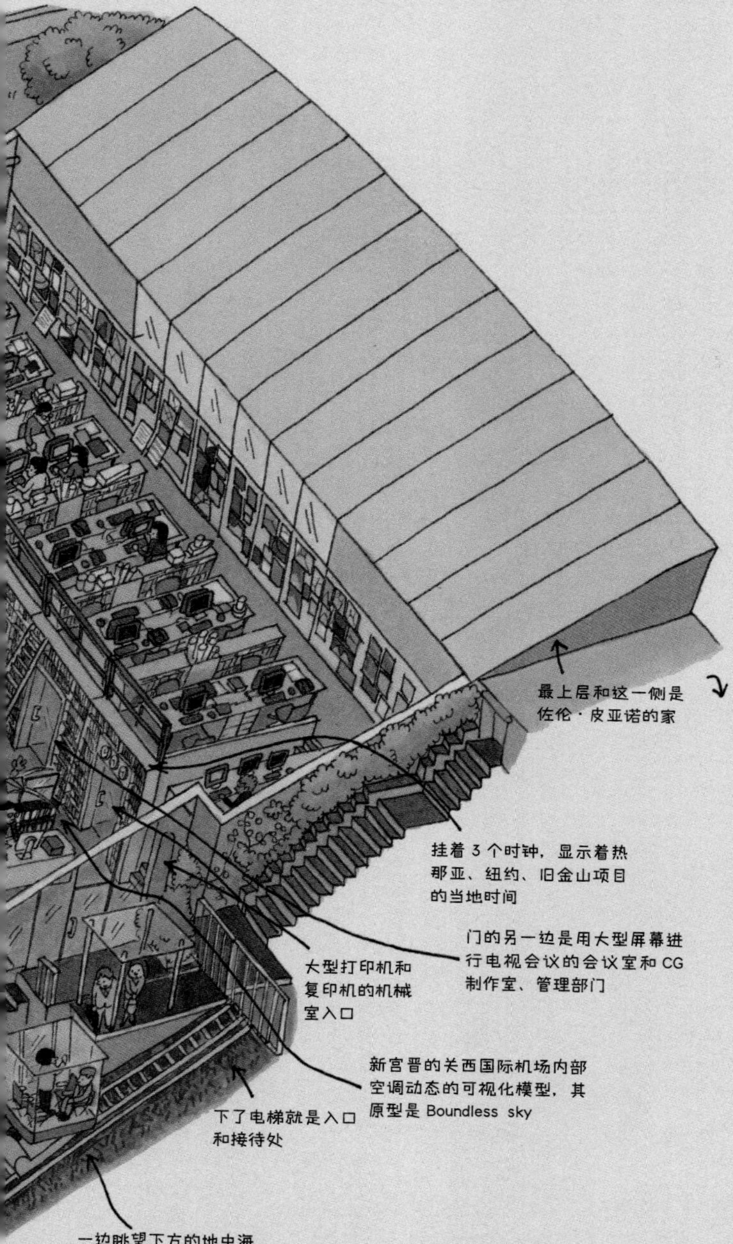
最上层和这一侧是
佐伦 · 皮亚诺的家
挂着 3 个时钟，显示着热
那亚、纽约、旧金山项目
的当地时间
门的另一边是用大型屏幕进
行电视会议的会议室和 CG
制作室、管理部门
大型打印机和
复印机的机械
室入口
新宫晋的关西国际机场内部
空调动态的可视化模型，其
原型是 Boundless sky
下了电梯就是入口
和接待处
一边眺望下方的地中海
一边乘电梯去上班
最下层深处藏着事务所
的核心 —— 工坊！至今
所制作的建筑零件，漂
亮地展示在墙上

[手绘: kucci]

3 整个建筑用地和利古里亚海的鸟瞰照片。这一带有很多坡度大的斜坡，梯田层层分布。热那亚分公司既是建筑事务所，同时也是依据联合国教科文组织和伦佐·皮亚诺建筑工作室的合作项目而设计的，旨在对地中海自然之物构造体进行开发研究从意大利热那亚的机场出发往西行进约 12 公里，湛蓝的利古里亚海展现在眼前，连绵的群山紧挨着海岸线。整个斜坡上都是层层分布的梯田，在这仿佛蝴蝶都停下来休息似的恬静的田园风景中，伦佐·皮亚诺建筑工作室（以下简称 RPBW）的热那亚分公司横卧在眼前。无论是建筑还是选址，都符合创造出众多崭新建筑的 RPBW 的风格，这使记者不禁紧张起来。访问时间是早上 10 点，在大门前面遇到了正要出勤的两名年轻员工。他们在交谈着，“昨晚睡得好吗？”“不好，通宵了。但好在赶上了提交竞赛方案。”这让我感到似曾相识，日本的建筑事务所也常有这样的情景。

办公室在斜坡的上部，从海岸边的入口层进入办公室得搭乘电梯。电梯由玻璃建造，上升途中先是经过坡度大的斜坡，在山腰突然转换成缓坡。伦佐·皮亚诺在自己的著作《航海日志》里将这描述为仿佛在坐“过山车”。

办公室也由玻璃建造

办公室的建筑朝向海面一侧的三个立面都是没有框架的玻璃墙，屋顶由两层玻璃板构成。屋顶外部设置了自动调节的天窗，可以根据气候变化进行控制和调节。

室内楼层呈阶梯状，使用玻璃来间隔，阳光能照射到每个角落。支撑顶棚的是垂直的细细的铁制柱子，给人轻快的印象。从员工的座位能眺望到大海和绿油油的植被，这充满开放感的空间正体现了 RPBW 的设计理念。

5 位于入口正面的前台。办公室呈现阶梯状，由此构成各个楼层

4 办公室位于面向大海的悬崖上，从海岸边的门口进入办公室，需要使用为斜坡专门建造的玻璃电梯

刻意不扩大事业规模

位于法国巴黎的蓬皮杜中心可以算是皮亚诺的“成名作”了。它建于 1977 年，是与理查德·罗杰斯（Richard

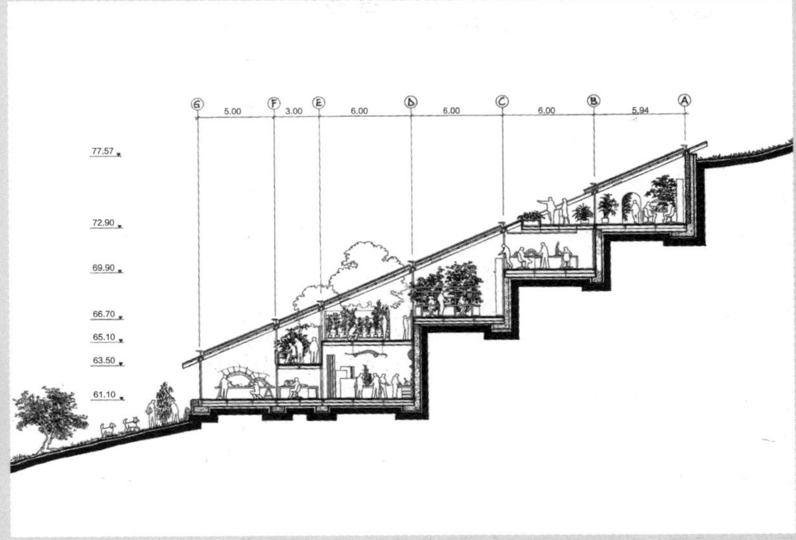

剖面图

Rogers）共同设计的作品。自 1981 年成立后，RPBW 在巴黎、热那亚、纽约设立了三个分公司，至今着手过的项目超过 120 个，年度创收约 3000 万欧元以上。

菲利普·古贝（Philippe Goubet）是负责运营整个 RPBW 的经理,同时也是事务所的合伙人。他回忆说:“幸运的是，我们接到了很多委托。从 2000 年到 2010 年，在美国有许多项目。”RPBW 近年主要以欧洲为中心，还拓展了在新的国家的工作。“2008 年前后的市场非常活跃，我们接到了来自中国、印度、韩国、越南等亚洲国家的工作委托。现在我们正在向俄罗斯和黎巴嫩等中东国家扩展”，他说道。

7 从外部拍到的外观。
三面玻璃墙围合的办公室看起来像一个梯田温室

6 事务所里处于最底部的楼层。这里有年轻员工的办公桌和会议空间。
照片左侧的内部空间是伦佐·皮亚诺视为珍宝的工坊

尽管迎来了许多项目的委托，RPBW 还是坚守着不扩大事务所规模的原则。位于巴黎和热那亚的两个主要的办公室，每年接受的新项目只有 2 至 3 个。这是因为，如果正在进行中的项目超过 20 个的话，皮亚诺将难以亲自参与所有的项目。

正因如此，RPBW 非常慎重地甄选接手的项目。RPBW 的经理兼合伙人马克·卡洛（Mark Carroll）说道：“虽然事务所的扩大具有社会意义，但我们更多考虑的是能否

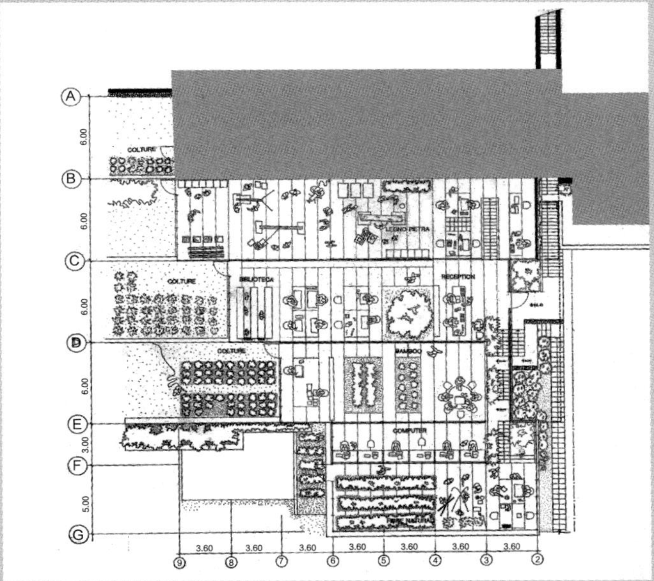

事务所平面图

令 RPBW 得到成长。”尽管也有些中途夭折的项目，“对于事务所来说，适当地接收商业性质的工作委托也是十分重要的”，古贝说道。

8 位于法国巴黎的蓬皮杜中心，于 1977 年竣工

9 位于日本大阪的关西国际机场，于 1994 年竣工

11 2003 年完成的位于意大利都灵的林格托工厂再生计划

10 1998 年竣工的位于新喀里多尼亚（New Caledonia）努美阿（Nuomea）的吉巴乌文化中心（Tjibaou Culture Center）

12 位于日本东京，2006 年竣工的爱马仕之家

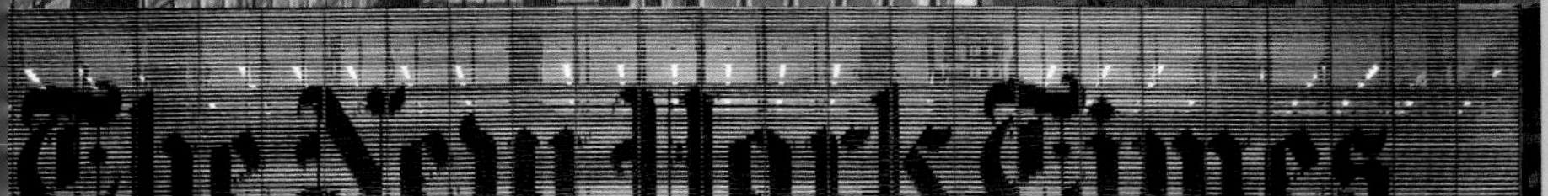

13 位于美国纽约，2007 年竣工的美国时代大楼

14 位于英国伦敦，2012 年竣工的夏德大厦

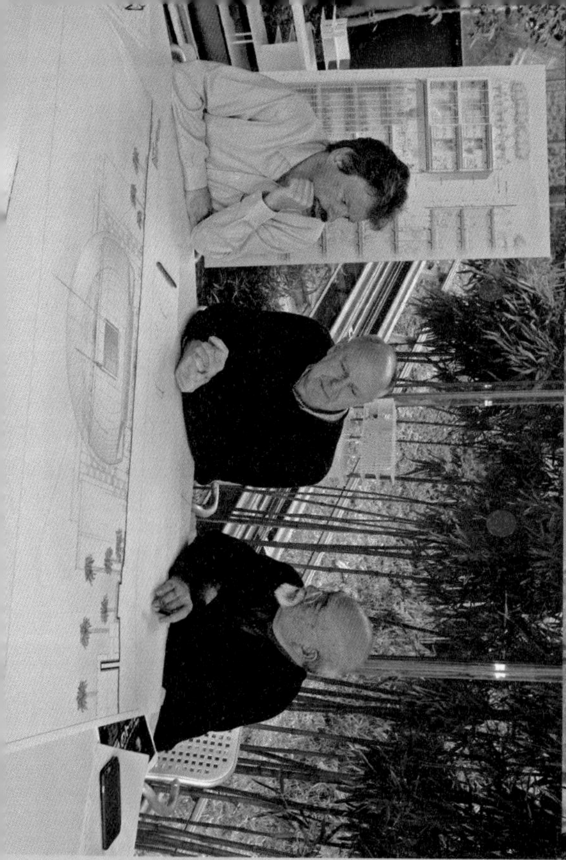

17 任职 25 年以上的老员工也不在少数。从左起分别是来自法国的菲利普·古贝经理，来自美国的马克·卡洛经理和石田俊二顾问。三位都是在 RPBW 待了超过四分之一世纪的老将

16 办公室的顶棚由木造的梁和铁制的细柱支撑，营造出轻快的空间

15 在事务所入口处的楼层（从底层数起的第四层）里，靠斜坡的一侧有书架，西侧有茶水间。员工们会在这里喝浓咖啡、休息

伦佐·皮亚诺的主要作品

（按完成时间排序）

1971 年	成立皮亚诺 + 罗杰斯事务所
1977 年	蓬皮杜中心（法国巴黎）
1978 年	成立皮亚诺 + 赖斯（Peter Rice）事务所
1979 年	联合国教科文组织老旧市区改造研究会（意大利奥特朗托）
1981 年	成立伦佐·皮亚诺建筑工作室
	阿尔伯特管（Alberti tube）结构系统（意大利克雷莫纳）
1982 年	IBM 巡回展览馆（欧洲 20 个城市巡回展览）
1987 年	梅尼尔（Menil）私人收藏美术馆（美国休斯顿）
1990 年	圣尼克拉足球场（意大利巴里）
1991 年	自然植物纤维构造体研究所
	（意大利热那亚，现伦佐·皮亚诺建筑工作室热那亚分公司）
1994 年	关西国际机场候机楼（日本大阪）
1996 年	梅赛德斯·奔驰公司设计中心（德国辛德芬根）
1997 年	牛深鱼港联络桥（日本熊本）
	罗马音乐厅（意大利罗马）
1998 年	吉巴乌文化中心（新喀里多尼亚努美阿）
2000 年	贝耶勒基金会美术馆（瑞士巴塞尔）
2001 年	热那亚就港口重建（意大利热那亚）
2003 年	林格托（Lingotto）工厂再生计划（意大利都灵）
2004 年	成立伦佐·皮亚诺基金会
2006 年	爱马仕之家（日本东京）
2007 年	纽约时代大厦（美国纽约）
2011 年	朗香教堂扩建 + 修道院（法国龙尚）
2012 年	夏德大厦（英国伦敦）
2013 年	坎贝尔美术馆新馆（美国沃斯堡）
2014 年	哈佛美术馆改建增建（美国剑桥）
2015 年	惠特尼美术馆（美国纽约）

18 女员工和男员工自然而然地分开吃午饭。由于在采访的前一天刚向某个大型国际竞赛提交了模型，员工的数量比往日要少些

19 这里有来自世界各地的年轻设计师和实习生。年轻人可以在休息时沿斜坡下去，打打篮球或者享受海水浴

20 位于美国纽约的惠特尼美术馆。这是年轻设计师路易吉·普里亚诺刚进事务所时参与的项目

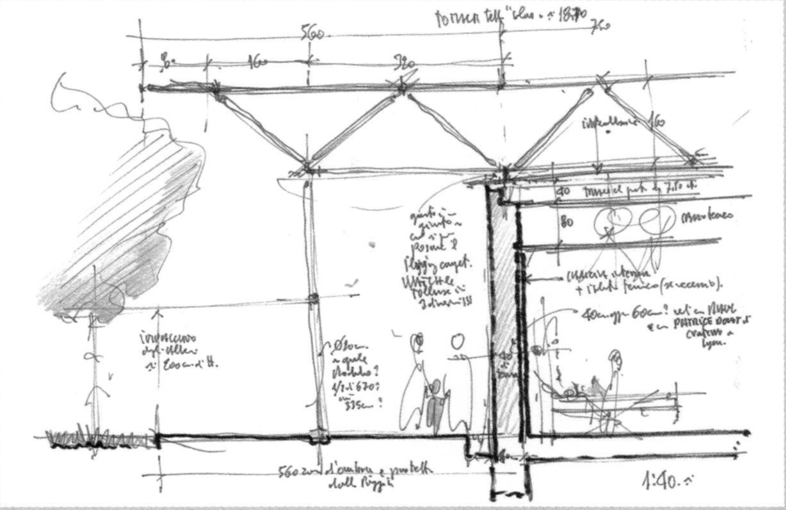

正在实施中的乌干达恩德培市小儿外科中心建筑的草稿

虽然规模不大，但 RPBW 的优势之处在于拥有各年龄层和多种国籍的员工。RPBW 在涉及国外的项目时，必定会与当地的事务所合作，在尊重当地文化风俗的前提下进行设计工作。若是在当地有曾任职于 RPBW 的老员工，那么他们将会成为值得信赖的合作伙伴。

将工坊视为理想

皮亚诺经常向身边的人描述他理想中的事务所，是从意大利文艺复兴时期流传自今的“工坊”。石田俊二是 RPBW 的顾问，自蓬皮杜时期起一直与皮亚诺合作至今。他告诉我们：“伦佐一向认为，建筑师不是教育专家。”

在办公室里能见到许多年轻的员工与实习生。年轻设计师大多于 28、29 岁被聘用，实习生则是从实施中的项目所在国家的大学里招收进来的，实习期为 6 个月。

22 伦佐 · 皮亚诺基金会的入口。
和办公室不同的是，基金会位于面对着沿海大道的一楼。
据说这里原本用作住宿

21 事务所里的工坊。在项目里曾使用过的模型道具
被当作装饰品挂在墙壁上。谁也说不清在这里试做了多
少次模型

32 岁的路易吉·普里亚诺（Luigi Priano）是土生土长的热那亚人，2010 年开始在 RPBW 工作。他自幼目睹了皮亚诺的活跃，对于能与其一起工作感到很幸运。

普里亚诺刚进事务所就参与了位于美国纽约的惠特尼美术馆的项目。他说道:“伦佐告诉我们，要与客户‘打乒乓球’。意思是,要回应客户的期待,相互尊重,目标一致,争取更好的结果。”

致力于培养下一代

伦佐·皮亚诺基金会的存在从另一个侧面反映了工坊精神。基金会设立于 2004 年，位于 RPBW 热那亚分公司所处的山脚下。

皮亚诺对于成立基金会的想法可以追溯到 1996 年。同年秋，皮亚诺与妻子米利（Milli）到日本访问了伊势神宫的迁宫现场。

40 多岁的熟练的工匠负责指导 20 多岁的工匠，60 多岁的栋梁（日本对工匠领袖的尊称）负责监督整体的工作。这种历经 20 年来传承建筑技术和匠人手艺的系统，使皮亚诺感受到了与“工坊”一样的哲学。刚好也是在这一年，皮亚诺迎来了他 60 岁的生日。

2014 年，到访基金会的参观者有 1400 多人。极其忙碌的皮亚诺没有多余的时间去大学举办讲座，也无法手把手地教育年轻设计师。取而代之的是，“把建筑的建造过程及其在失败中的反复摸索展示出来，皮亚诺认为这

25 伦佐·皮亚诺基金会里保留着至今为止完成的大量模型和图纸，而且在别的地方还准备了仓库来存放

24 伦佐·皮亚诺基金会的历史档案室。
从皮亚诺为 1970 年大阪万博会设计的意大利工业馆，
到最近的项目，这里展示着将近 45 年的图纸和模型

23 伦佐·皮亚诺基金会里的演讲会议室。
来参观的小孩能在这里听到关于建筑的授课

对下一代的教育很重要”，石田这样告诉我们。

RPBW 一直守护着的并且想要传达给后人的是，积极对话的能力和亲自动手、不厌其烦、反复摸索的匠人姿态。正是这种实实在在的努力，使得即便在运用最先进技术的背景下，也能催生出充满独创性的建筑。

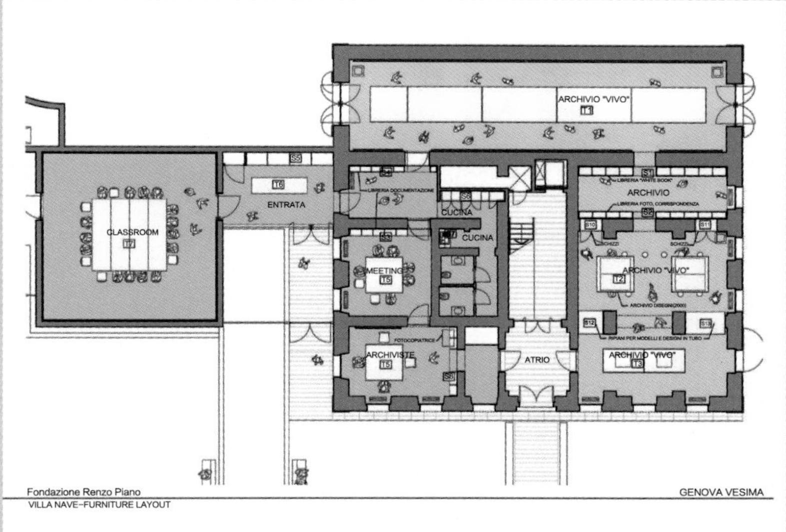

伦佐·皮亚诺基金会的平面图

26 单靠图纸或语言会有甲方无法理解的地方，所以即使成本会提高，设计时也会尽量制造实物大小的模型。
照片是吉巴乌文化中心某处的模型，虽然不是实物大小，但也是达到了 10 米之高的巨大模型

采访 | 来自资深员工

温顺的人品也是伦佐的才能

两年前，一直陪伴我（石田俊二）的妻子去世了。我沉浸在悲伤中，打算把骨灰散布到海里的时候，伦佐邀约道：“我尊重你想要散布骨灰的想法，但不论怎样有个墓地是必要的。如果你愿意的话，放到我们的墓地里来如何？”

和伦佐相识大概有 45 年了。把建筑大师的身份放到一边，能和他以朋友的身份一起工作至今，我感到很幸福。

我是 1969 年出国的。曾在东京工业大学的清家清研究室就学，由于当年的学生运动，我萌生了在国外找工作的想法。那时候，曾任职于日建设计的山下和正计划了一次欧洲旅行，我跟着去了，后来独自在伦敦留了下来。

我在伦敦被奥雅纳工程顾问公司（ARUP）聘用，负责的改造计划迟迟不进行，也不喜欢阴沉沉的天气。与此相对，去意大利旅行时一直都是好天气，留下了很好的回忆。于是我与妻子把全部财产装进车子里，驶向意大利。

SHUNJI ISHIDA

石田俊二

RPBW 顾问

1944 年生于静冈县。
从北海道大学建筑专业本科毕业后，
硕士阶段就读于东京工业大学，师从清家清教授。
1969–1970 年任职于奥雅纳工程顾问公司，
1971–1977 年任职于皮亚诺 + 罗杰斯事务所的蓬皮杜中心设计组。
1978 年，和冈部宪明一起参与皮亚诺 + 赖斯事务所的创立。
1982 年以后，以 RPBW 设立的高级合伙人的身份任职于热那亚分公司，职位为主管。
2015 年离职，现在以资询顾问的身份合作。

可是车子在途中发生了故障，在法国南部驻足不前之时，遇到了在伦佐手下工作的朋友。在朋友的家里逗留时，他介绍伦佐与我相识。

当时伦佐刚在蓬皮杜中心的设计竞赛中取得胜利。在蓬皮杜中心的设计组里，除了我和冈部宪明等日本人以外，还有许多从世界各国招来的设计师，形成了一个语言互不相通的专家集团。在那里切磋琢磨的日子，直接影响了今天的 RPBW 的 DNA。

和伦佐一起工作是很快乐的一件事。他的包容力很强，对任何事物都抱有好奇心。而且最终的成果不仅仅属于伦佐，还包含了很多人的想法在里面，伦佐能引导事情往好的方向发展。

其中我最有同感的是，建筑是为了人而创造这个观点。意大利在第二次世界大战战败的时候，伦佐只有 9 岁。据说他感受到为了走向复兴，人们变得乐观，社会环境也一天一天好起来。因此，重视建筑物的使用者，令他们能得到更好的体验，然后通过设计来实现这个目标，这是伦佐和我们 RPBW 非常重视的。

（口述）

伦佐 · 皮亚诺基金会里展示了许多石田的手绘图稿。“在设计蓬皮杜中心之后，伦佐被视作异类，总是难以得到建筑设计的委托，这是最艰难的一段时期。”石田介绍道。照片左一为石田

以人数较少的精英队伍，

亲自担任了马来西亚首都的象征——“吉隆坡石油双塔”等大型项目。

创办者西萨·佩里（Cesar Pelli）特意不预设固定的设计风格，

持续向员工灌输“做好以专家的姿态去工作的心理准备”。

培育人才
向下一代“传承”

共享专家的意识
用优厚的待遇来坚持团队运营

Pelli Cla
Pelli Ar

佩里·克拉克·佩里建筑师事务所

ke
nitects

1 众多模型沿着事务所的通道排列着，其中有“爱宕 Green Hills Mori Tower”。
创办者西萨·佩里师从埃罗·沙里宁（Eero Saarinen）且传承了其“对于一个项目要尽量制作大量的模型”这一重视设计细节和客户需求的设计主旨，并将其传授给下一代。

OFFICE LOCATION

办公地点

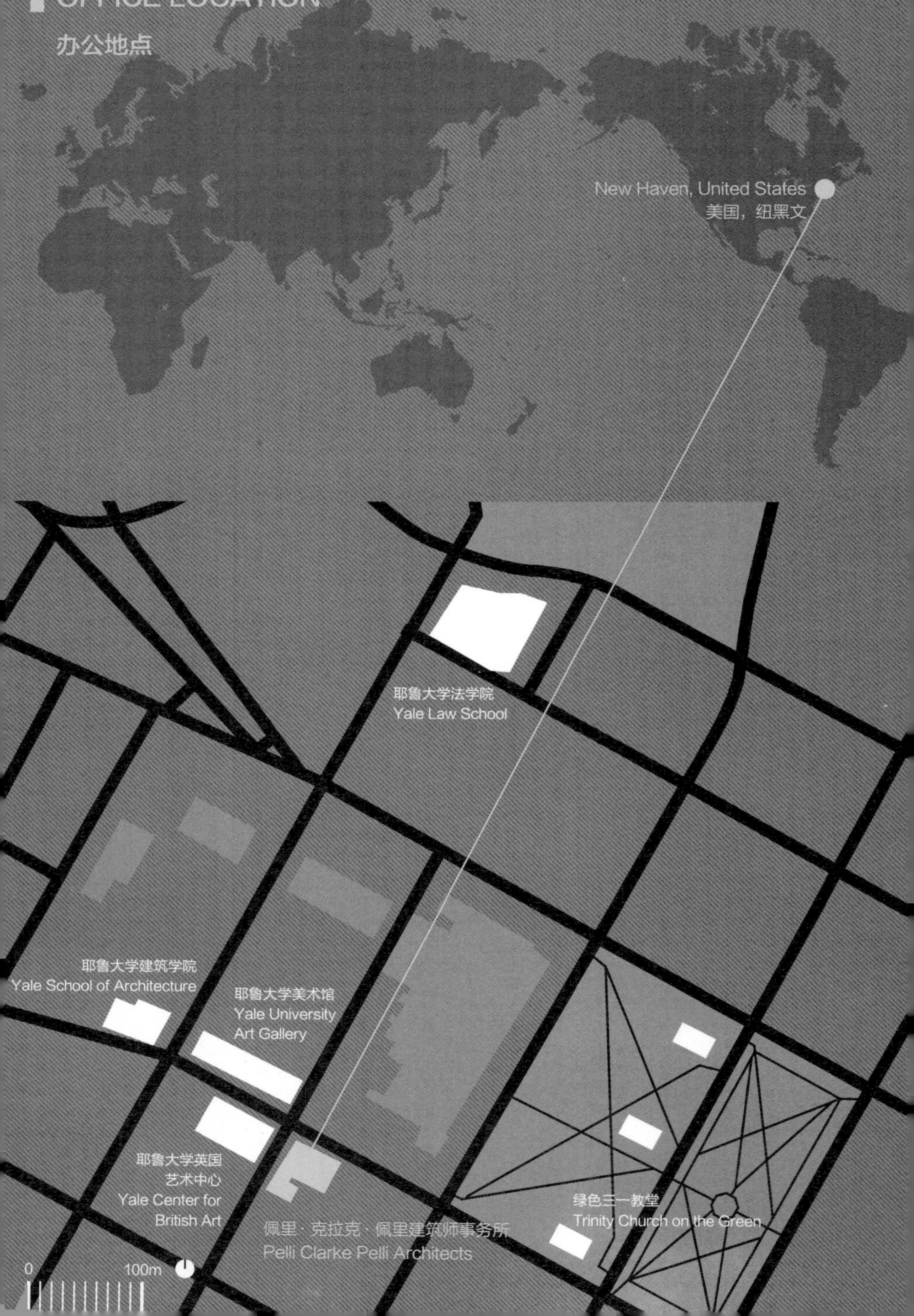
New Haven, United States
美国，纽黑文
耶鲁大学法学院
Yale Law School
耶鲁大学建筑学院
Yale School of Architecture
耶鲁大学美术馆
Yale University
Art Gallery
耶鲁大学英国
艺术中心
Yale Center for
British Art
佩里·克拉克·佩里建筑师事务所
Pelli Clarke Pelli Architects
绿色三一教堂
Trinity Church on the Green
0
100m

佩里 · 克拉克 · 佩里
建筑师事务所概况

成立
1977 年（前身西萨 · 佩里 & 协会的设立年份）

创建者
西萨 · 佩里

员工数
127 人

平均年龄
40 岁

全世界分支机构数
6 处

进行中的项目
20—30 个

营业额
未公开

客户
Mori Tower
旧金山市

大型项目
旧金山客运中心（Transbay Transit Center，2017 年竣工）

2 佩里 · 克拉克 · 佩里建筑师事务所的入口，低调得难以想象这竟然是世界著名的建筑事务所

[手绘：kucci]

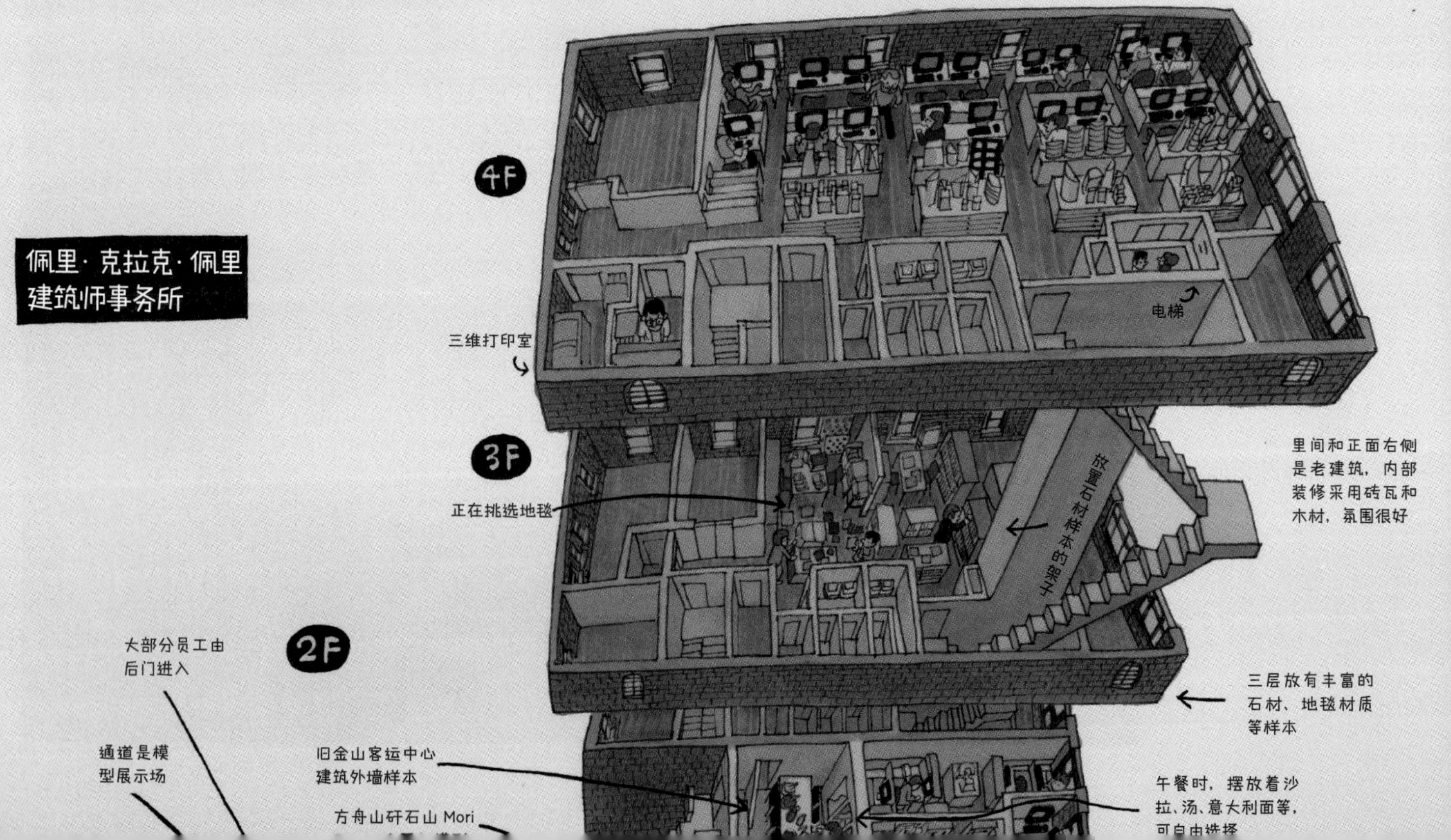

佩里·克拉克·佩里
建筑师事务所
4F
3F
2F
三维打印室
电梯
正在挑选地毯
放置石材样本的架子
里间和正面右侧是老建筑，内部装修采用砖瓦和木材，氛围很好
三层放有丰富的石材、地毯材质等样本
大部分员工由后门进入
通道是模型展示场
旧金山客运中心建筑外墙样本
方舟山矸石山 Mori
午餐时，摆放着沙拉、汤、意大利面等，

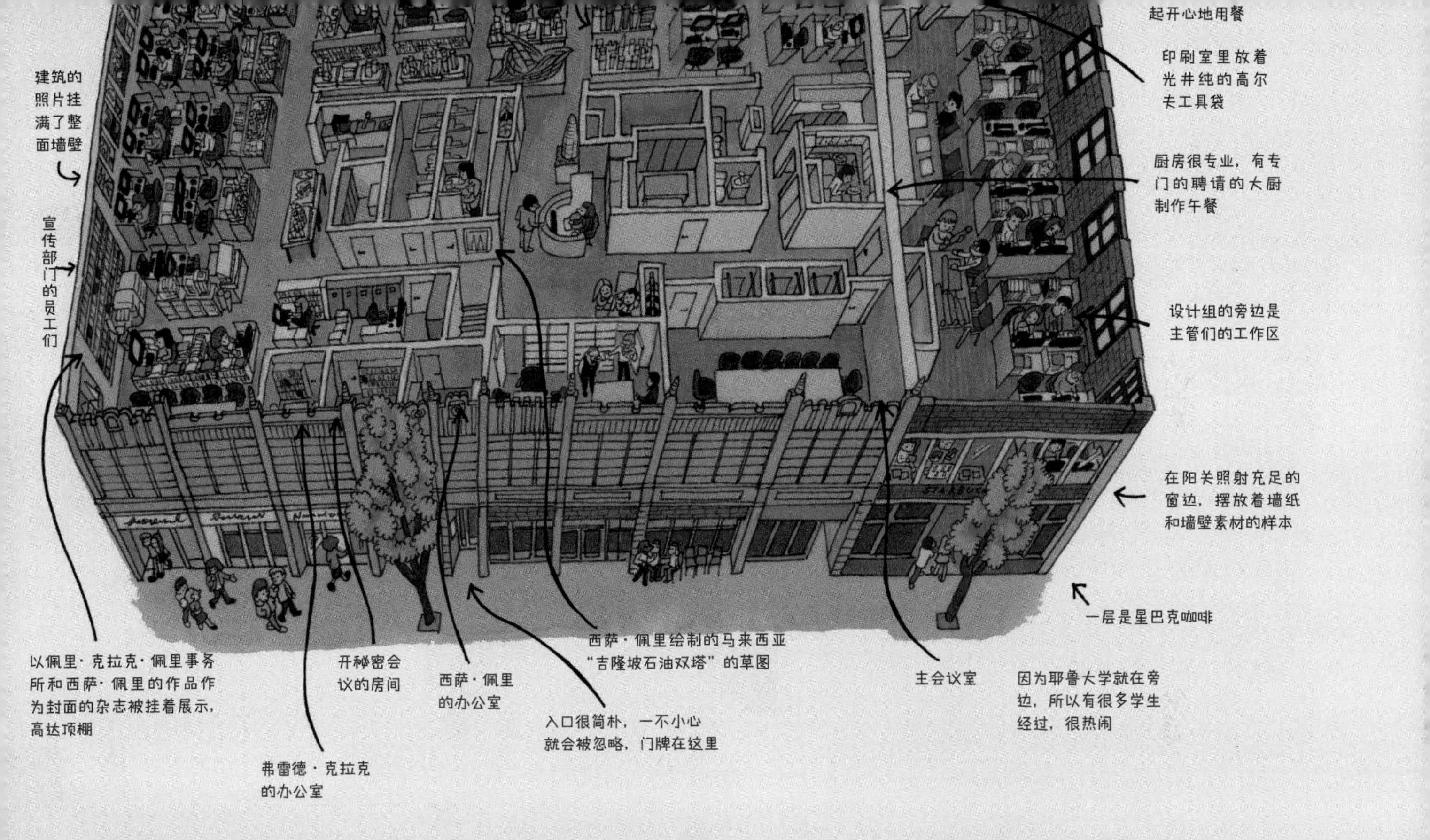
起开心地用餐
印刷室里放着光井纯的高尔夫工具袋
厨房很专业，有专门的聘请的大厨制作午餐
设计组的旁边是主管们的工作区
在阳关照射充足的窗边，摆放着墙纸和墙壁素材的样本
一层是星巴克咖啡
因为耶鲁大学就在旁边，所以有很多学生经过，很热闹
主会议室
西萨·佩里绘制的马来西亚“吉隆坡石油双塔”的草图
入口很简朴，一不小心就会被忽略，门牌在这里
西萨·佩里的办公室
开秘密会议的房间
弗雷德·克拉克的办公室
以佩里·克拉克·佩里事务所和西萨·佩里的作品作为封面的杂志被挂着展示，高达顶棚
宣传部门的员工们
建筑的照片挂满了整面墙壁

5 在接待处附近是西萨·佩里和弗雷德·克拉克（Fred Clarke）等管理者的房间

4 在办公室显眼的地方展示着大阪市的国立国际美术馆新馆的模型

3 总部纽黑文办公室，位于被名校耶鲁大学校园所环绕的建筑的二层

佩里·克拉克·佩里建筑师事务所（以下简称 PCPA）的本部位于康涅狄格州的纽黑文市，这是一个充满学术气氛的城市，曾出过 5 名美国总统的耶鲁大学的校舍就散布在这里。

一边与正在谈笑的学生们擦身而过，一边走过这条美术馆和剧场林立的大道，我们来到了挂着一个小门牌的 PCPA 纽黑文办公室。入口低调得难以想象这竟然是世界著名的建筑事务所。金属的小门牌上刻着“1056 CHAPEL STREET Pelli Clarke Pelli ARCHITECTS”（教堂路 1056 号佩里·克拉克·佩里建筑师事务所），除此以外没有别的标志物了。初次到访的人会注意不到这里而走过头吧。

从办公室往西前行一个街区，是耶鲁大学建筑学院的校舍，距离只有 150 米左右。PCPA 的员工和实习生大多数毕业于同一个大学。创建者西萨·佩里一直担任着建筑学院的院长，直至 1984 年，辞掉院长一职后还教过课。同为创建者的弗雷德·克拉克也在同一所大学任教过，还曾邀请优秀的学生进入 PCPA。才华满溢的年轻人接二连三地加入 PCPA，原因就在于它的地理位置。

在办公室参观的时候正是午餐时间。二层走廊的桌子上排列着一个个大盘子，上面盛着沙拉、硬面包圈、意大利面等食物。这里有正规的厨房，由专属的厨师来准备午餐。餐饮是免费的，员工各随所好找个地方聚在一起，一边放松，一边进餐。

7 午餐是免费的。
在午休时，员工可以聚在办公室的任何一个角落来进餐

6 办公室二层有正规的厨房，
午餐有专属的厨师烹饪的沙拉、汤、意大利面等食物

每个月第一个星期五被指定为“比萨日”。17 点过后会有比萨送到办公室，大家一边进餐，一边为这个月过生日的员工庆祝生日，又或者向大家介绍新的员工。办公室对所有人开放，学生和外国的参观者经常来访。员工可以根据接送孩子的时间来弹性设定自己的出勤时间，到了傍晚还会把孩子带到办公室来。

20 世纪 80 年代在这个办公室工作过的建筑师光井纯（光井纯 & 协会建筑设计事务所总经理）回忆道，“早在 30 年前，PCPA 就拥有今天谷歌等 IT 界大企业所推行的自由风气。”

成长起来的弟子成为现场的导向者

因为对承接项目持有慎重的态度，PCPA 同时运作的项目并不多。这就导致了公司的组织很简单。经营管理层的核心是以佩里为首的三个合伙人，后勤由财务和人事等部门来统筹运行。佩里的儿子拉斐尔·佩里（Raphael Pelli）负责统帅建立于 2000 年的纽约分公司。

作为实战部队的项目组里，以斟酌定夺设计和预算的主管（设计组负责人）为首，下面是项目经理、项目建筑师、设计师组成的由上至下的组织。这个组织结构至今几乎没有变过。

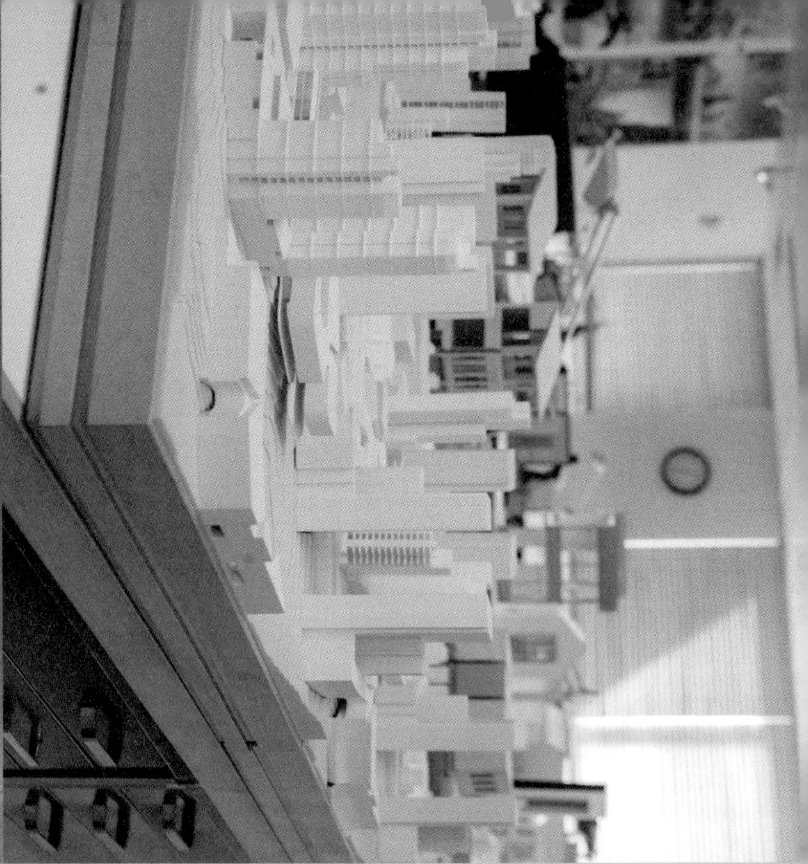

9 几个小组以负责人为中心来完成项目
大家跨越年龄、性别和国籍的界限，相互出主意，这已成为特有文化

8 在一个项目里，有时会制作上百个工作模型来探索建筑物的形态

10 墙壁上的花纹是建设中的旧金山客运中心外部装潢的图案

11 办公室南侧四层的模型存放处。用砖和木材建造的老建筑以前是车库

13 在自然光照下确认墙纸的颜色。
透过窗户可以看到耶鲁大学的校舍

12 在三层备有种类齐全的石材和地毯的样本

在 6 名负责人中，有 4 位是在大学时代听过佩里授课的学生。在选择让谁负责哪个项目的时候，由于在学生时代就已经知道其才能所在，据说克拉克“无论在能力还是责任感上，一次都没有选错过人”。

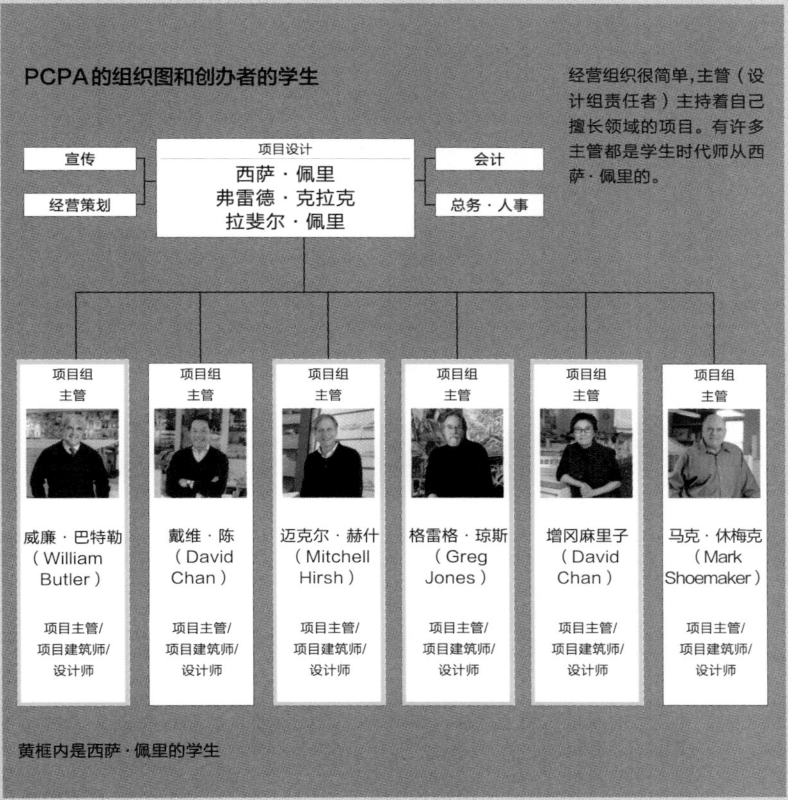

经营组织很简单,主管（设计组责任者）主持着自己擅长领域的项目。有许多主管都是学生时代师从西萨·佩里的。

PCPA 员工的平均年龄是 40 岁，与本书中介绍的其他事务所相比，年龄较高。工龄长是 PCPA 的特色。光井解释道：“薪酬和待遇很好，所以辞职的员工很少。”

员工保障制度也很充实。员工在习得设计必需的技术时，事务所会负担其费用。公司内部还有累积培训制度。在

15 增冈麻里子作为主管之一，负责主持亚洲等地区的项目。她以前也是西萨·佩里的学生

14 在事务所的墙上展示着采用了 PCPA 作品作为封面的书籍，这些书籍布满了整面墙，高至天花板

日本职场也能见到的内部培训（OJT）是最基础的。自 2011 年起在 PCPA 工作的米山薰里也受到了周围同伴的不少帮助。

办公室里放置了几台三维打印机。为了制作大量的模型，必须掌握用电脑绘制三维设计图的能力。米山说："刚进公司时，还不太懂得绘制三维模型的设计方法，多亏有专门负责 IT 技术的员工全力支持。""'Thank you！'是办公室里最常听到的话，也是最常讲的话"，米山说道。

克拉克自信地说："在 PCPA 里形成了类似日本'前辈''后辈'的人际关系。这里是人才稳定的事务所。"

在大型项目里，经验丰富的前辈员工引导着后辈。2005 年升任主管的增冈麻里子自 1980 年进入事务所以来，积累了设计科研机构建筑的丰富经验。她在 2013 年建校的耶鲁–新加坡国立大学的设计中手执指挥棒。那是耶鲁大学首次在新赫布里底以外的地区设立学校，是一个很重要的大项目。

为了在气候、文化都不同的亚洲地区很好地融合耶鲁大学的寄宿制文化，增冈通过彻底的现场调查，用尽最大的智慧去完成了校园的设计。所得出的成果是，耶鲁–新加坡国立大学成为了全住宿制学校，为了实现无微不至的关怀而实行较少人数的精锐教育，教员也全住在学校。

增冈在 PCPA 取得的成果受到很高的评价，她被录入 2014 年康涅狄格州的"女性的殿堂"。在美国，贪求收

16 这个计划效果图展示了在美国西海岸城市旧金山的金融街，修复老旧化公共交通系统枢纽站的项目“旧金山客运中心”的完成效果。
项目将来会成为连结加利福尼亚州南北的高速铁路的出发与到达的枢纽

17 旧金山客运中心由地下 2 层与地上 3 层组成，预计 2017 年完工。
这将是一座长边 450 米、短边 52 米的巨型建筑物。
周边的大型住宅和办公楼也在急速建设中

入和地位的提升而辗转好几所设计事务所的年轻建筑师不在少数，但在 PCPA“胸怀建筑师远志的人才会得到负责任的培养”，克拉克说道。

改变旧金山的大型计划

PCPA 正在挑战一个能给美国西海岸城市旧金山带来巨大改变的大型项目。项目将金融街附近老旧的客运枢纽改建为“旧金山客运中心”。新的客运枢纽将成为公共交通的节点。在近郊行驶的公共汽车和电车将驶入这里，旧金山周边的主要城市由此而连接起来。这里将来会成为连结加利福尼亚州南北的高速铁路的起始站。

项目的甲方是以旧金山市为始发站的公共汽车公司和铁道公司共同设立的枢纽联合权力机构（Transbay Joint Powers Authority，简称 TJPA）。客运站由地下 2 层和地上 3 层组成，长边约 450 米，短边约 52 米。连绵不断的几何形状的金属白色天窗，波浪起伏似地覆盖了建筑物周围。楼顶是超过 2 万平方米的公园。在建筑群正中央设置了有花有树的群落生境。

在公园正下方的三层是公共汽车站，二层和一层将租为店铺和办公室，地下层用作铁道。为了使旅客度过愉快的时光，PCPA 在公园的喷泉里设置了一个小惊喜。其效果是，当有公共汽车缓慢通行三层时，纵贯公园的喷泉会像在追赶似的按顺序喷涌出来。

日本企业大林组也参与到这个项目中来。大林组在美国

19 连绵不断的几何形状的金属白色天窗覆盖了建筑物周围。
这一带曾被认为是治安不好的区域，连续的白色墙壁会将街道的氛围变得明亮

18 把泥土运到超过 2 万平方米的宽阔的屋顶上，
创造绿化环境。绿茵茂密的公园将成为
这座城市迎接旅客的大门

的子公司 WEBCOR 与合资企业 JV（joint venture，简称 JV）一起参与施工。JV 是由 TJPA 和“建设准备服务公司”结合组成，不只涉及施工，还包含了从设计阶段到“大概预算”、“施工计划”、“专业施工业者的选定”等内容。在设计师和甲方的交涉中，使用了 BIM（建筑信息建模）来交流预算和计划的业务。大林组北美总部事务所建筑部的立花章夫部长介绍说：“这个项目可谓大费周章，涉及的项目非常多，与其称之为‘建筑施工’，不如说它是‘城市土木工程’。”

这个项目颠覆了佩里一直以来习惯采用平滑的非承重墙来构成建筑的做法。佩里向日本的年轻建筑师说道：“在现代，无论是日本还是美国，以国家来识别建筑的特色变得越来越难了。但是建筑师应该针对不同国家的课题进行细致观察，针对不同的课题对症下药。世界日新月异，因此建筑师也要通过实际行动来适应这些变化。”

21 横跨旧金山市 3 个街区的客运站大楼跨过主干线道路上空而建

20 通过净化雨水和污水来循环利用，每年能节约 920 万加仑的水。客运站大楼利用 LEED（绿色建筑评价系统）来争取实现最优目标

23 一层面对街道的区域将会是一家接着一家的餐馆

22 高约 36 米的“光之专区”从屋顶公园一直延伸到地下二层的铁路大厅。这既是支撑大楼的结构，还起到把自然光引导到地下层的作用

旧金山客运中心

在城市中心“机场级别”的开发

旧金山客运中心是一个犹如在商业街中央建设新机场一样的大型项目，参与其施工的莫娜·马巴赫（Mona Marbach）一边带我们参观这个被高层大楼围绕的工地，一边兴奋地向我们讲解着。铁板裸露在外，带着安全头盔的工人在四处走动着，这些都让人忘记自己正处在一座建筑物中。

建筑的长边从东北方向至西南方向横跨 3 个街区。从旁边的高层大楼鸟瞰，也无法拍摄出整个建设现场。建设中的客运站为地下 2 层和地上 3 层，要参观所有楼层得花 2 小时。屋顶在完成后会成为公园，将种植许多树木，形成一个群落生境。现在脚下踩着的铁板构成的屋顶将会被盖上泥土。

客运站的结构不是连成一体的。钢骨结构有数处间隙，工人通过临时架的桥到达相邻的区域。这些间隙是为了应对地震而设置的。为了将建筑物在纵向受害减到最小，客运站被分成了几个部分，形成由伸缩接头连接的结构。

旧金山在 20 世纪经历了 1906 年和 1989 年的两次大地震。作为公共汽车和铁路的大规模综合客运枢纽，与在日本一样，防震抗震对策成为设计中的重要课题。

从屋顶到地下二层一气贯通的“光之专区”高约 36 米，用于采光。采访当天是阴天，其周围却因为阳光直射而一片明亮。在高速铁路建好后，这个处于地下层的平台将成为迎接来自加利福尼亚州南部的洛杉矶的列车的终点站。

客运站大楼的建设现场横跨市内好几条主干道。在道路之上，为了不影响汽车和步行者的通行，设置了施工专用层。

这个地区的治安以前不太好。在旧金山客运中心的周围，正在进行着高层办公楼和住宅的规划。新地标的诞生将会提升这个文明世界的港口城市的魅力。

像学堂一样的事务所最为理想

佩里·克拉克·佩里建筑事务所（PCPA）的创建者西萨·佩里豪爽地笑着走进了接受采访的会议室。具有“老师”风采的佩里特意不设置特有的设计风格，一直告诉员工“要做好工作的思想准备”。事务所虽然只有 127 名员工，却接手世界各地堪称地标的项目。共同创建者弗雷德·克拉克也同坐在旁，向我们描述了其经营哲学。

——对于佩里来说，事务所是怎样的一个地方呢?

佩里——我认为建筑事务所应该是像“学堂”一样的地方。每个人在成为建筑师之前，都会先在大学等地方学习建筑的基础知识。虽然这也很重要，但这不是真实的建筑。实践性的建筑技术是通过项目来学习的。打个比方，关于建筑设计的抗灾方面，仅靠大学课程的知识是不足够的。要成为建筑师，除了通过实际的工作来进行训练，别无他路。

在 PCPA 里负责主持项目的主管，有很多是我在耶鲁大学等地方教学时的学生。这些曾经的学生们至今还在通过工作来摸索建筑师的真谛。我认为，一起工作的员工是一个大家庭。成为一名好建筑师的同时，我也希望能继续成为他们的好老师。

CÉSAR
PELLI

西萨·佩里

建筑师、佩里·克拉克·佩里建筑事务所创建者

1926 年生于阿根廷。
曾在建筑师埃罗·沙里宁的事务所里作为项目设计师而活跃在业界。
1977 年就任美国耶鲁大学建筑学院的院长，同年设立西萨·佩里 & 协会。
1984 年退任后仍活跃在教坛。
2005 年改名为佩里·克拉克·佩里建筑师事务所。
因马来西亚的吉隆坡石油双塔（右页照片）等作品闻名。
曾参与美国驻日大使馆和阿倍野 HARUKAS 的项目。

——PCPA 有没有与别的建筑事务所不一样的特征?

克拉克——PCPA 没有一看就明白“这是 PCPA 的作品”的设计风格。这是因为强加的设计并不重要。重要的是高水平地实现客户的要求。担负项目时有三大重要的原则。首先，将针对客户的服务贯彻始终。其次，设计的建筑物对周边环境的影响是我们必须承担的责任。最后，尽量多与客户进行设计方面的探讨。

在有限的预算和日程安排中提出几个选择方案，把实现客户所希望的设计这一点贯彻始终。无论多小规模的项目，我们至少会提出三个可供选择的设计方案。

——这是为什么呢?

佩里——我年轻的时候在埃罗·沙里宁建筑师事务所工作过，从沙里宁那里学到了很多东西。那个时候我的职位是项目建筑师。大规模的项目很多，进行工作的手法很独特。印象尤深的是，对于一个项目尽可能地制作大量的模型。随时代变迁，现在人们可以用电脑建模，然后用三维打印机把模型打印出来。虽然制作方法有了变化，现在的 PCPA 仍在组建着大量的模型。

二维图像难以传达的地方通过三维模型来表现之后，客户也能理解得更清楚。这种方式是与为了客户而舍身工作的态度相联系的。对客户奉献，以及对事务所的设计组而奉献的态度正是从此习得。

谨慎选择客户

——经手的项目中有印象特别深刻的吗?

克拉克——PCPA 至今的客户广泛分布在世界的各个角落。举一个例子，我们设计了竣工于 1998 年的马来西亚首都吉隆坡的吉隆坡石油双塔，以及竣工于 2003 年的香港国际金融中心。现在的力量集中于将于 2017 年建成的美国旧金山客运中心。这些建筑都会使城市景观发生巨大改变，成为当地地标。

——是如何发掘新客户的呢?

克拉克——或许有些建筑师事务所即便有 100 个项目也能同时进行。而 PCPA 对于客户的选择十分慎重，所以同时进行的项目不是很多。我们对于刻意地运用市场营销手段去发掘新客户并不积极，而是希望与同一个客户长期合作。因此，我们与客户建立了很深的信赖关系。举个例子，我们和 Mori Tower 有长期合作关系。和一个客户合作了几十年的话，就可以更深地理解他们所追求的设计。我们持续地提供令客户满足的设计方案，所以客户之间口口相传，PCPA 的优势也

得到周知。让一位客户得到满足，这才是最好的市场营销手段。

——您对于日本建筑抱有怎样的印象呢？

佩里——日本有许多优秀的建筑，还有如槙文彦这样能设计出令人印象深刻、品质又高的作品的建筑师。建筑师的技能是以各自国家的文化和习惯为基础而形成的。现今的世界里，差异越来越小了，很难定义世界和日本的建筑间的明显区别。各种变化自然而然地发生，每个时代的建筑师都必须适应世界的变化而努力去改变自己。

在现实世界里，建筑有许多限制，比如要求很高的客户、不足的预算金额……这些是建筑面临的无法控制的外因。

解决问题的办法在不同国家是不一样的，不同人种的思维方式也不一样。可是，无论何时都灵活利用“限制”来进行创造，这对于我们建筑师来说是非常重要的事。

FRED CLARKE

弗雷德·克拉克

高级主管、共同创建者

创建者之一，
管理从美国到中东地区以至日本的项目。
在得克萨斯大学奥斯汀校区就学时，
与西萨·佩里相识，
1970 年就职于佩里工作的事务所。
对于后辈热心指导，
在耶鲁大学、莱斯大学和
加利福尼亚大学洛杉矶校区担任教职

采访 | 来自资深员工

态度坚决地交涉设计酬劳

我被西萨·佩里在 1970 年代设计的美国驻日本大使馆所感动，决心报考佩里曾任教的美国耶鲁大学。因为我在学生时代很会画图而且能很好地使用红环（rotring）针管笔，所以在 1982 年被叫到事务所打工。

一般来说，建筑学院的教授是不会给学生打工费的，但是能为佩里打工，即使没工资也想要干。然而我的这种态度却遭到佩里的训斥，他说“作为一名建筑师的职业意识受到了损害，即使是学生也得有专家意识。”后来我进入 PCPA 工作时，再次领会到这种专家意识。让我惊讶的是，坐飞机去见客户时，如果对方只给我们出经济舱的费用的话，PCPA 会补上差额让员工坐上商务舱。这体现了 PCPA 的哲学——要让员工拥有专家的意识和责任感，就得先让员工享受到良好的待遇。

在和客户进行酬劳交涉的时候，PCPA 是不会让步的。负责交涉的是弗雷德·克拉克，他是一位很坚决的交涉者。如果在员工的薪酬上吝啬，那么事务所将难以存活，所以对于在正当价格范围内的设计酬劳，决不让步。面对客户敢于不让步，这是对自己的服务水准相当自信的表现。

在 PCPA 学到的最重要的是，对于客户也好，员工也罢，绝无一点糊弄，人人平等。

（口述）

JUN
MITSUI

光井纯

光井纯 & 协会建筑设计事务所代表，兼任 PCPA 日本分公司代表的光井纯，从西萨·佩里身上学到了对甲方和员工平等对待的精神

公事和私事的巧妙转换

在2011年刚进PCPA时，感受到了文化差异。大家的电脑操作技术很高，能熟练使用各种软件和三维打印机，还具有开阔的想象力、柔软的思维和总是乐观的精神。我得到了更好地展现工作技能的心得。

PCPA的一天是从9点开始的。这里没有考勤卡，出勤全由员工自主申报。有厨师为我们准备午餐，但天气好的时候会在附近的咖啡厅或者画廊享用午餐。18点时会回一次家，但如果还有工作没做完或者有会议的话，在吃完晚饭或者在健身房运动完后，会回到办公室工作。下班后去练瑜伽时，常常会遇见同事。

和所属的小组或者项目的负责人——主管的商洽是根据必要性来进行的。和负责人能够轻松谈话这一点，或许是和日本的建筑事务所不一样的地方。如果提出“想在这个国家工作”、“想要参与这样的项目”，主管会参照个人愿望来分配工作。

还有就是，我感觉这里的工作环境比起日本，更适合女性。女性同事一直工作到临产月，在休完产假后立刻就复职了，配合接送孩子上下学的时间来灵活调整工作的时间。事务所里的很多员工都能将公事和私事巧妙转换，不仅仅有工作，与家人和朋友度过的时间也很充分。

（口述）

KAORI
YONEYAMA

米山薰里

米山薰里属于设计过很多亚洲地区项目的小组。
曾参与过办公楼、商业设施、酒店等大规模的项目。

诺曼·福斯特（Norman Foster）率领的英国福斯特及合伙人建筑事务所是拥有 1450 名员工的大型事务所。对员工负责的领域不设限制，在建筑领域不断扩张，成为员工成长的原动力。

“扩张”建筑的设计团体

以组织力和工作室的韧性去开拓新的领域

Foster+ Partner

福斯特及合伙人建筑事务所

1 从阁楼二层可以看到位于主工作室二层的设计工作室全景。
客户在二层的会议区一边参观办公室一边进行商洽

OFFICE LOCATION

办公地点

福斯特及合伙人

建筑事务所概况

成立	创建者	全世界分支机构
1967 年（前身"福斯特协会"成立的年份）	诺曼·福斯特	16 处
	员工数	进行中的项目
	1450 人	249 个
	平均年龄	大型项目
	34 岁	美国苹果公司总部（2016 年竣工）

2 英国建筑界的代表性人物诺曼·福斯特（左图）

3 沿泰晤士河而立的伦敦办公室的主工作室（右图）

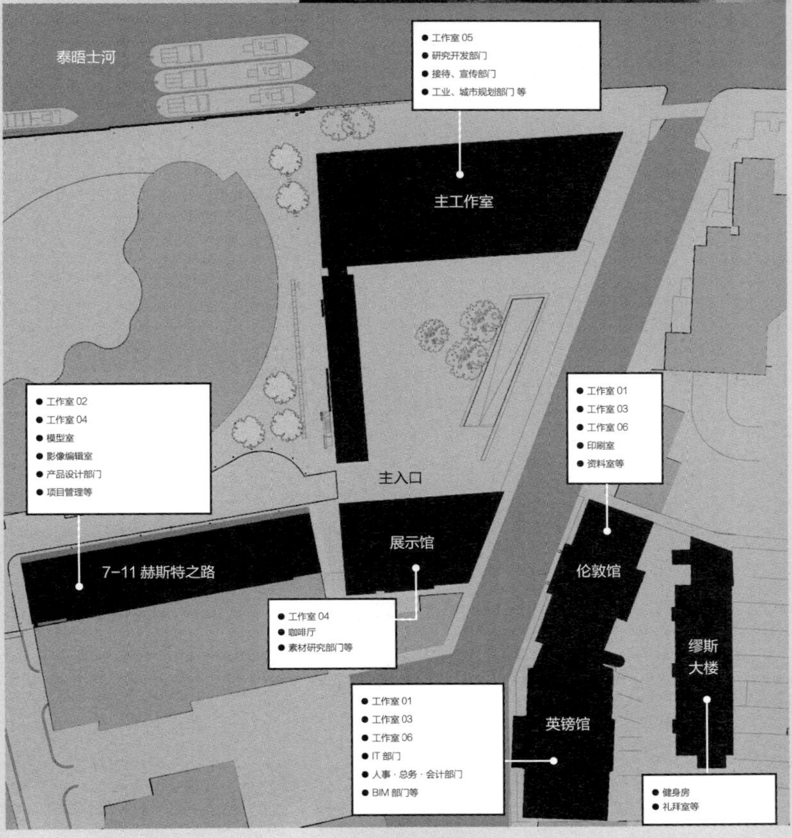

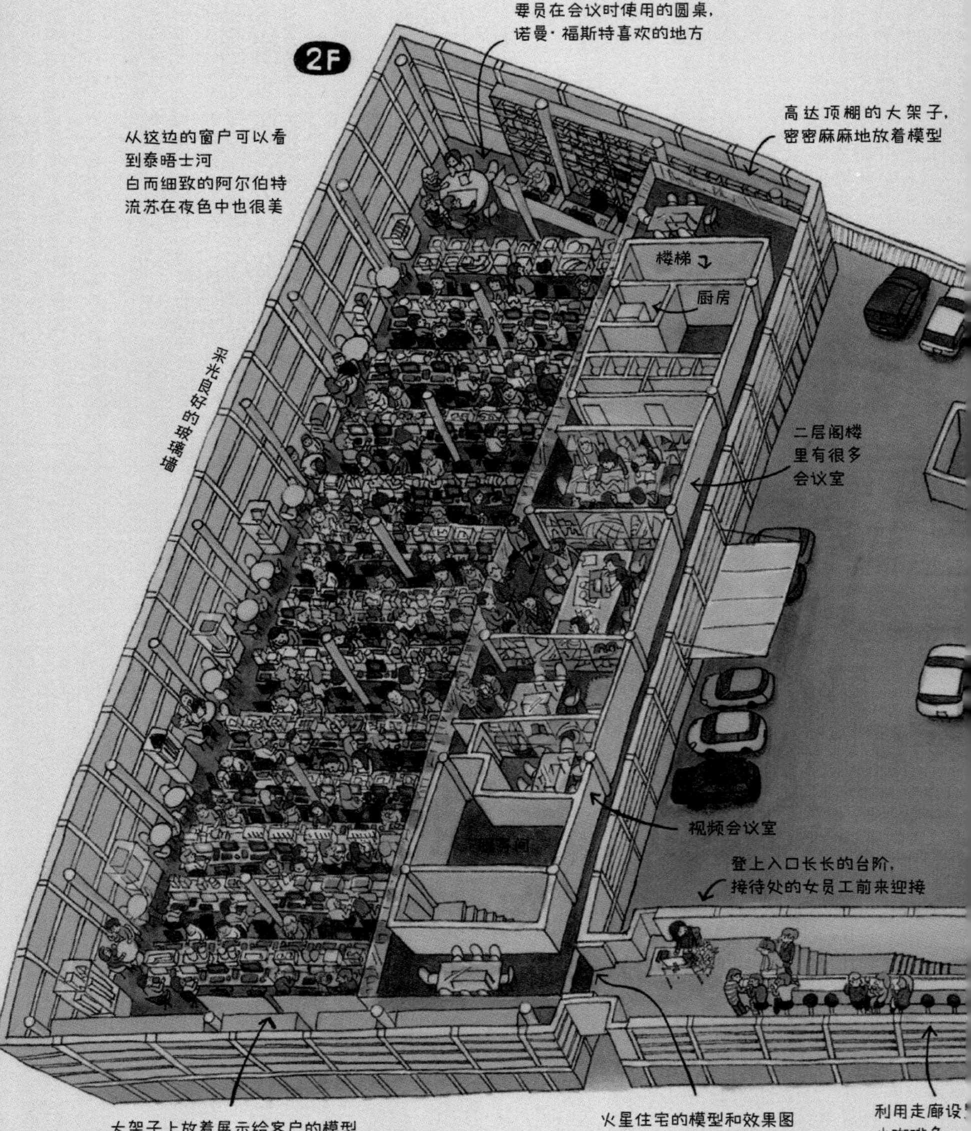
2F
要员在会议时使用的圆桌，
诺曼·福斯特喜欢的地方
高达顶棚的大架子，
密密麻麻地放着模型
从这边的窗户可以看
到泰晤士河
白而细致的阿尔伯特
流苏在夜色中也很美
楼梯
厨房
采光良好的玻璃墙
二层阁楼
里有很多
会议室
视频会议室
登上入口长长的台阶，
接待处的女员工前来迎接
大架子上放着展示给客户的模型
火星住宅的模型和效果图
利用走廊设
小咖啡角

[手绘：kucci]

福斯特及合伙人建筑事务所

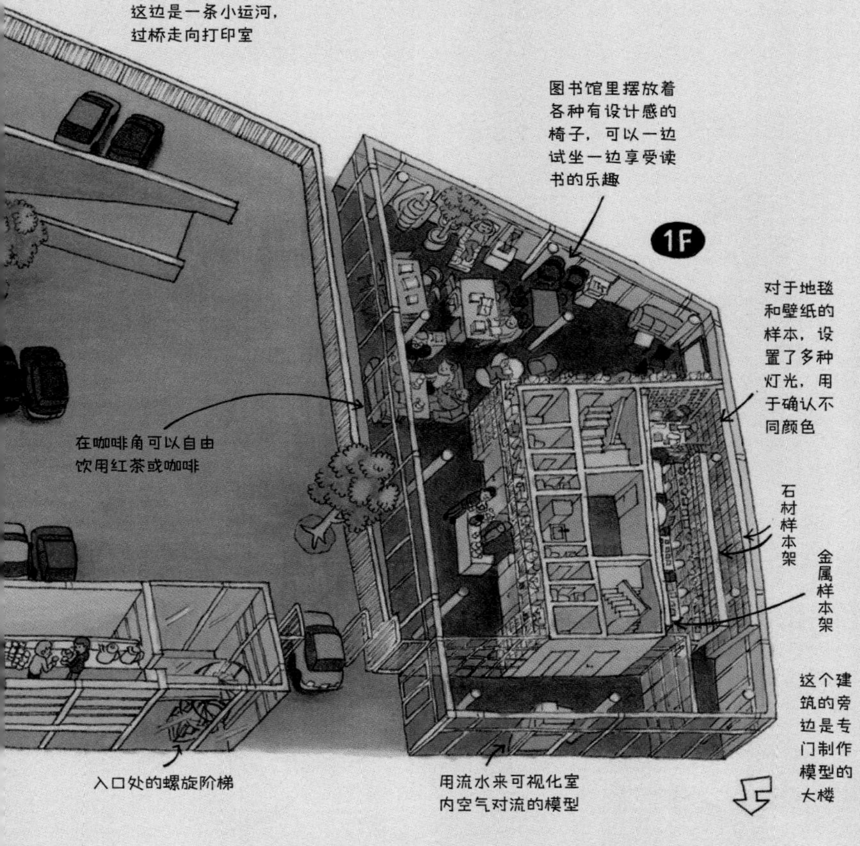
这边是一条小运河，
过桥走向打印室
图书馆里摆放着
各种有设计感的
椅子，可以一边
试坐一边享受读
书的乐趣
1F
对于地毯
和壁纸的
样本，设
置了多种
灯光，用
于确认不
同颜色
在咖啡角可以自由
饮用红茶或咖啡
石材样本架
金属样本架
这个建
筑的旁
边是专
门制作
模型的
大楼
入口处的螺旋阶梯
用流水来可视化室
内空气对流的模型

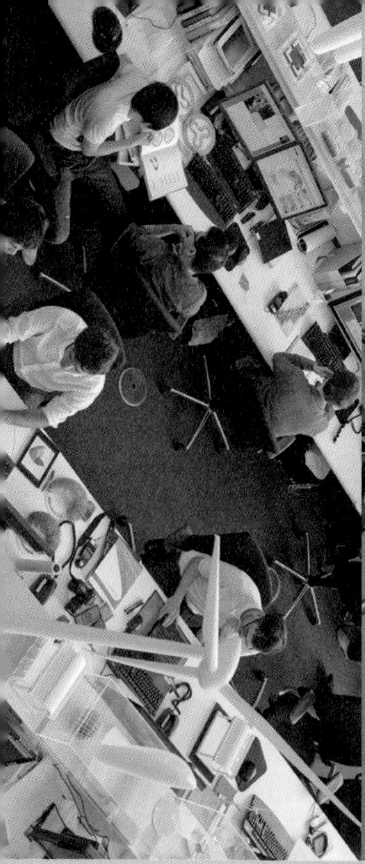

6 办公室里不设隔间，
以促进员工之间的交流

5 位于主工作室的设计工作室入口的接待处。
附近陈列着福斯特近期最倾力打造的项目的模型

4 在接待处的旁边是沿着走廊而设的长桌。
访客可以在这里喝咖啡，员工有时也会在这里吃早餐

从德国统一的象征——柏林的德国联邦议会穹窿（1999年竣工），到创造出先端技术的美国IT企业——苹果公司的新办公楼（2016年竣工），这些在世界范围引起话题的项目都由英国的设计集团福斯特及合伙人建筑事务所一手打造。福斯特及合伙人建筑事务所在世界各国设有16个办事处，散布在全球的1450名员工创造出崭新的设计。我们造访了他们的大本营——位于伦敦的事务所。

事务所位于伦敦中心西南侧的巴特西公园附近。这座面朝泰晤士河的拥有大面玻璃墙的建筑物，和附近保留着传统砖房的街道相对，仿佛在彰显自己走在时代的先端。伦敦事务所根据功能和设计组分成6幢建筑。作为宣传部门合作者的哈里斯·凯蒂介绍说，“这个地方被称为‘福斯特大学’。”我们被允许访问了这里的主工作室——里面包含一部分设计组和研究开发等部门、展示馆——里面包含讨论区和素材研究部门，还有“7-11赫斯特之路”——里面聚集了制作模型和电脑图像的专家。

向来访者展示“组织的强大”

第74、75页的鸟瞰手绘图展示的办公室，其左侧的建筑物是“主工作室”二层，右侧的建筑物是包含了咖啡厅和图书室的“展示馆”的一层。

从主工作室南侧的小入口走进来，登上长而缓的阶梯，就能看到接待处的柜台。在阶梯的二层，沿走廊设置有长桌，桌上有自助咖啡机，几名来访者在一边喝咖啡一

8 主工作室除了有设计工作室，还有研究开发部门和工业设计部门

7 从办公室玻璃墙的北侧可以看到横跨泰晤士河的白色的皇家艾伯特大桥

边休息。在早晨，这个区域还是员工一边吃早餐一边交流的空间。

在通往设计工作室的入口处，展示着高度达到成年人身高的宇宙基地效果图和模型。这是2015年美国国家航

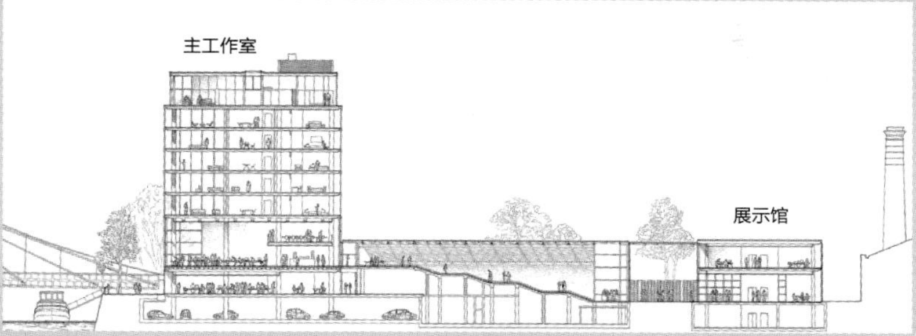

空航天局（NASA）的火星载人探测基地的概念设计竞赛的作品。这里是来访客人最多的地方，展示着福斯特及合伙人建筑事务所在近期最倾力打造的项目的相关资料。

主工作室的一层和二层是设计等业务的工作室。东西纵贯的办公室里没有隔间，形成一个巨大而一体的空间。众多的员工在这里整齐有序地工作，令人体会到“组织设计事务所”的强大力量。

与客户商洽通常是在能一望工作室全景的、位于阁楼二层的会议室。这里犹如一个眺望台，能让客户看到员工的工作状态。

9 被称为“7–11 赫斯特之路”的这座建筑里面有模型室，还有编辑电脑影像的部门

10 具有高度专业水平的员工在准备演示所要用到的影像和模型

11 办公室的窗上贴着各种方案的草稿，员工之间通过这种方式来交换意见

大到城市规划，小到家具

诺曼·福斯特与前妻（已故）两人创建起福斯特协会时正值 1967 年。经过了约半个世纪，伦敦事务所成长为拥有 1200 名员工的大型事务所。

虽然组织规模巨大，但员工的平均年龄只有 34 岁。引发这些年轻人的感性来打造的项目，大到阿拉伯联合酋长国最先进的环境都市“玛斯达尔城”（Masdar City，进行中），小到家具的设计，甚至是太空建筑等各种领域，都有涉及。

主工作室的西南侧是“7-11 赫斯特之路”，这里与主工作室不同的，是其悠然自得的氛围——“作坊一样的事务所”般的悠然自得的氛围。桌子和椅子等室内装饰用品犹如美术作品般被展示着。在大楼一层的北侧，沿小路而设置宽阔的模型室。在玻璃走廊可以看到几个模型的组装过程。房间里好像是工业产品的研究开发室。

隔着走廊的南侧是影像编辑室。内部设置得就像电视台的摄影棚，角落里放着吉他等乐器，让人仿佛置身于电影的制作现场。

我们采访的时间是傍晚 19 点左右。从外边眺望亮起灯的办公室，我们发现窗户上贴着许多貌似用来遮挡室内灯光的纸张。2007 年入职的横松宗彦揭开谜底，“员工把自己担任的项目的想法一次次贴到窗玻璃上。”这是用于与项目组同事讨论的草稿，“一天之内会重复替换很多次”，横松说道。

12 设有咖啡厅的展示室成了员工休息的场所

13 来自日本的建材生产商的建筑材料也被陈列在展示室的入口处

14 展示室里备有许多石材和墙壁材料的样品，员工可以确定实物的手感后再和客户进行商洽

采访 | 福斯特及合伙人建筑事务所的工作方式

高度的专业性和大胆的设计过程之结合

福斯特及合伙人建筑事务所能快速地将新技术和设计融合。比如三维打印机，早在我入职的 2007 年就被灵活运用了。技术人员的人数也在逐年增加，以三维来表现的数码技术也很先进。另一方面，又很重视人的感受。在流体力学的应用实验里，模型内部流动着不同温度的有色液体，可以以此观察室内温度变化时空气是如何流动的，诸如此类，都体现了对身体感觉的重视。

事务所能进行这样的实验是因为拥有在专门领域具有很强能力的员工。比如说，编辑竞赛演示影像的小组，虽然没有建筑的专门知识，对于图像的表现却有着有别于设计者的独特观点。这一点也体现在模型制作小组的身上。将这些专家聘用为员工，而非外聘人员，能使项目从开始到最后完成的过程中，经过千锤百炼的讨论和琢磨。

除了负责设计的 6 个工作室以外，还设有负责影像、模型、素材研究等专门业务的小组，能创造出灵活的设计。福斯特及合伙人建筑事务所的长处就在于，能把高度的专业性和大胆的设计过程结合起来。

（口述）

MUNEHIKO YOKOMATSU

横松宗彦

联合合伙人

曾参与过众多中东国家和中国的项目，

于 2007 年进入福斯特及合伙人建筑事务所。

17 在做彭博公司（Bloomberg）伦敦分公司的设计项目时，为了使建筑内部空调等设备对热量的动向造成的影响可视化，给不同温度的水染上颜色，注入用透明板材建造的模型内部，以观测其流动状态

16 不只针对建筑，员工们对于家具或工业制品等也会反复进行推敲

15 事务所里不但有食堂，还有健身房和礼拜室

进入“展示馆”就可以看到，在入口附近展示着透明板材制成的模型。这是2017年竣工的彭博公司（金融信息和财经资讯的领先提供商）伦敦分公司的办公大楼。这个模型不只是模型，还是一个实验装置——给不同温度的液体染上颜色，通过其流动，使空调的制热制冷对室内空气流动的影响可视化。

在福斯特及合伙人建筑事务所工作了40年，担任设计综合负责人的戴维·内尔松（David Nelson）说：“我们的哲学是——设计要贴近人类生活。科学技术是为了实现这个哲学的工具。所以我们应该从汽车制造业等其他领域的研究开发手段中学习。”

贴近人类生活的设计哲学

不是“建筑设计”，而是“为人类服务的设计”。为了让这种精神成为全体员工的宗旨，福斯特及合伙人建筑事务所内部不限定员工的负责领域。以高级合伙人和合伙人为首，同时进行大大小小的项目，这一做法和别的事务所没什么不同，但是在6个设计工作室里，没有按建筑的种类、用途或地域进行分工。

合伙人托尼·三木（Tony Miki）说道，“6个工作室就像是6个小公司，聚集在一起经营。”6个工作室平均分配了员工，员工在分配后很少调动。

19 20 能容纳 9 万人的英国足球圣地“温布利体育场”（2007 年改建）也是福斯特及合伙人建筑事务所的设计作品

18 对室内环境经过了周全考虑的彭博公司伦敦分公司大楼（预计 2017 年竣工）的模型

可是，有时也会从不同工作室调动员工组成设计组来应对有需要的项目。某个工作室在着手大型的车站大楼项目时，会借调其他工作室的有车站大楼设计经验的员工来组成设计组。项目完成后，设计组的队友会回到原本所属的工作室。

TONY MIKI

托尼·三木
合伙人

不仅限于建筑，
从温布利体育场
到 42 米长的小船，
设计的涉及领域很广泛。
从 2014 年开始担任合伙人。
曾担任中东项目的领队，
活跃在世界各地。

大到体育场，小到小船，都是一个人负责

这种人才的运用方法不会导致难以培养专家，而且经营效率低下吗？对于这个问题，三木回应道：“如果只注重培养专门领域的能力，短期内效率会提高。但这样会降低组织的韧性和员工的创造性。”因此不特意注重专家，而只考虑设计会给人带来怎样的影响。这样的姿态是创

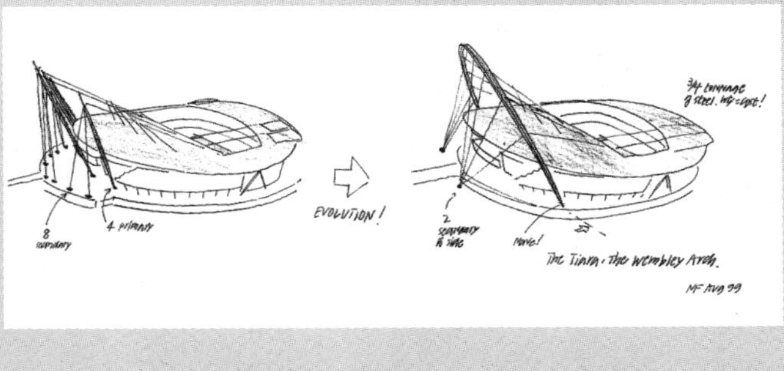

温布利体育场的草图

22 23 非洲的“无人机港口”设计方案。
利用无人机来运送医药品等物品。
事务所始终探索着能解决社会问题的设计方法

21 托尼·三木设计的小船。从地板到顶棚都用玻璃制造，
这样的设计方案颠覆了造船公司的常识

新的原动力。

三木在英国足球圣地“温布利体育场”（2007年改建）项目快要结束时，接手的下一个项目是小船的设计。那个时候，三木对于船舶的知识和设计经验都为零，从设计容纳9万人的体育场，突然转向设计全长42米的小船，“能挑战如此不同的领域，我感到很高兴”，三木笑着说道。

三木在设计小船时，把船舶的常识重新定义为“使用者的便利性”这一点。“我和造船公司争执了许多次。但最后还是达成了从地板到顶棚都用玻璃造这个颠覆常识的方案”，三木说道。

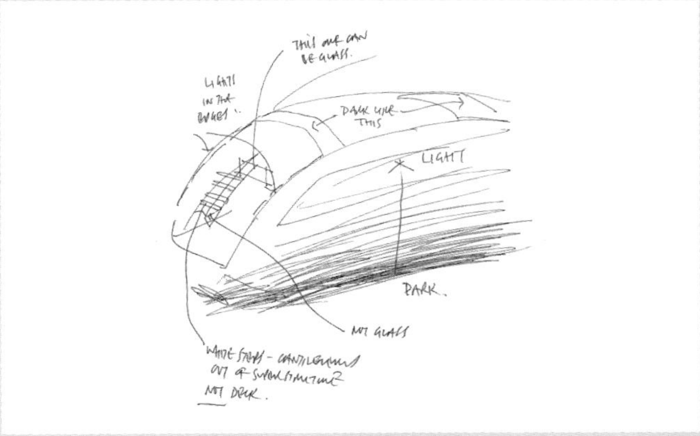

托尼·三木设计的小船的草图

如此这般，在不同领域积累经验和人脉，不单对于建筑，还让工业设计和商业设计有了更上一层台阶的进步。福斯特及合伙人建筑事务所的做法，初见时感觉会让经营效率低下，但换一个角度看会发现，这是把停滞于现状的风险降到最小、通过勇敢挑战新领域而持续提高公司品牌影响力的“主动出击型经营术”。

不拘泥于过去的成功经验

建筑师的成长，是以一个个项目为基础而积累起经验来的。可是，在这个过程里，如果拘泥于过去的成功经验的话，会造成作茧自缚的后果。对于设计来说，必须活用经验，并且保持年轻而新鲜的思考方式。

设计不只限于建筑。从家具到船舶，涉及的领域十分广泛。尤其是没有针对某个设计领域培养专家，这是福斯特及合伙人建筑事务所的一大特色。

如果立足于让组织得到成长这一想法，就要考虑得比自己的人生更远，为此而准备好所需的环境。我在福斯特及合伙人建筑事务所工作了40年。这期间，技术不断进步，事情也变得更加复杂了。因此，为应对变化，能够随机应变是很重要的。

福斯特及合伙人建筑事务所是一个“实验场所”。无论技术发展到什么程度，充其量只是一个工具。关键是贴近人类生活，追求对人类有用的设计。和创建者一起工作的时代不在了，这种精神能否超越时代，被后人传承下来，福斯特及合伙人建筑事务所就是验证这一点的实验场所。

DAVID
NELSON

戴维·内尔松
设计综合负责人

负责福斯特及合伙人建筑事务所的所有项目的综合负责人之一。1976年就职于福斯特协会，曾参与过西班牙毕尔巴鄂地下铁、阿拉伯联合酋长国的玛斯达尔城等众多国际项目。以负责人身份在日本完成的项目有世纪大厦。

火星载人探测基地的概念设计竞赛方案

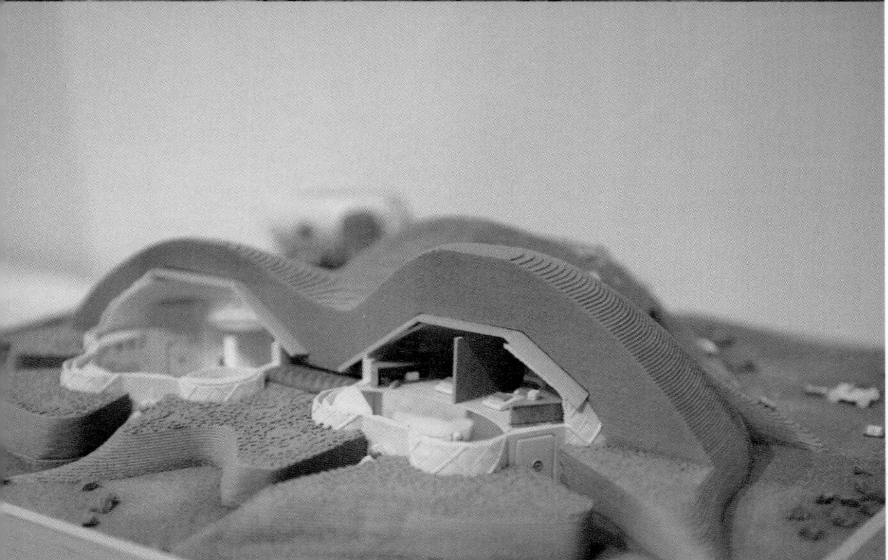

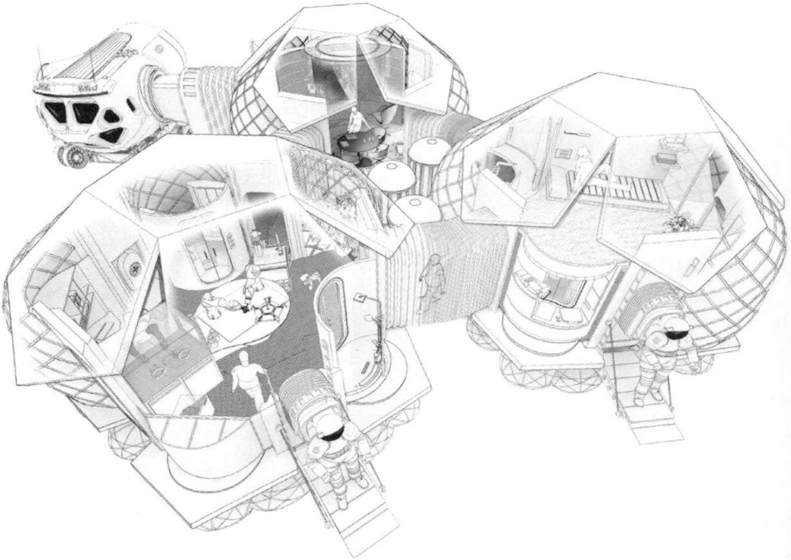

美国国家航空航天局（NASA）主办的火星载人探测基地的概念设计竞赛中，福斯特及合伙人建筑事务所提出的设计方案。利用火星原有的某种材料来创造适合人类生存的环境。这是事务所倾力打造的项目之一

灵活运用三维打印机，制造月球表面基地

幽默感是必要的

为了创造出人类生活的空间，什么是最重要的呢？为了探究这个问题，福斯特及合伙人建筑事务所在很多领域都进行着技术研究，比如汽车制造。汽车制造商研究的防噪声技术和材料加工等技术，在建筑领域也有广泛应用。一发现不同行业领域里有“能用得上”的技术，即可根据需要引进、利用。

对太空建筑的研究也是追求可能性的一种。如何才能到火星上去呢？对这个问题我们还没有答案。月球或者火星上的居住设计项目不是立刻就能实现的。在这样的情况下，通过设计来考虑在未来能做到的事情。

比如说，将通过设计流线型船舶而习得的三维立体化技术，灵活运用于通过三维打印机来创作火星居住设施的可行设计。由此而得到的反馈能令现在的设计得到进一步发展。

在福斯特及合伙人建筑事务所工作，需要幽默感对任何事物都感到“有趣”进而致力其中。

（口述）

福斯特及合伙人建筑事务所与欧洲空间局研究月球基地。在穹顶状的基地表面建造月砂层

雷姆·库哈斯（Rem Koolhaas）带领的大都会建筑事务所（OMA）和

研究机构 AMO，

一直在挑战当今的建筑界。

OMA 纽约分公司就像一个战场，

是打破建筑固有形式的实验场所。

常识的“转换”是推动力

“AMO”挖掘出需求

“OMA”使其成形

OMA

大都会建筑事务所

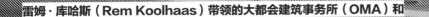

EXIT
OMA

1 大都会建筑事务所（以下简称 OMA）美国纽约分公司位于曼哈顿西南部的高层写字楼内。员工的平均年龄低至 32 岁。这里是先进的设计的“实验室”

OFFICE LOCATION

办公地点

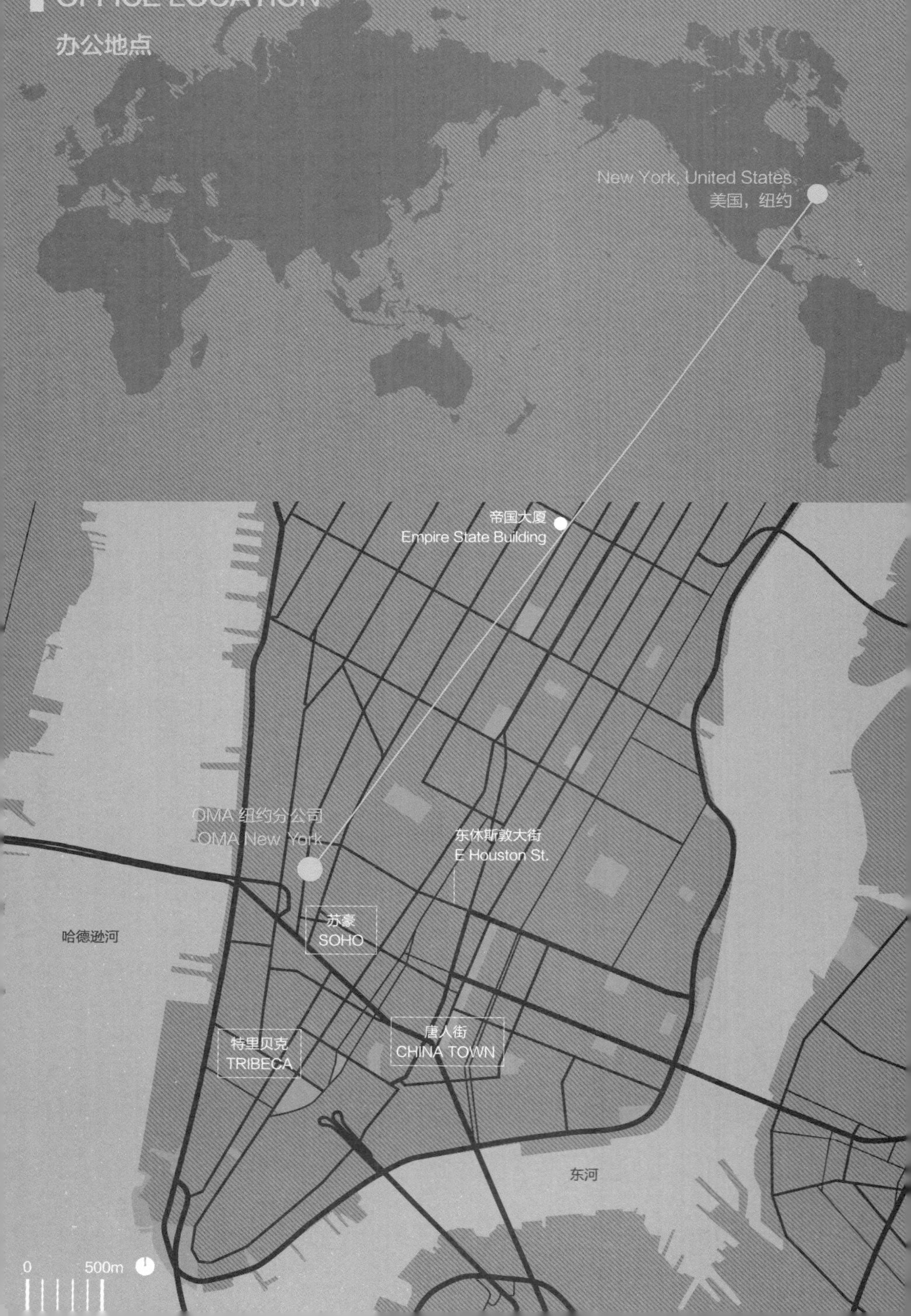

OMA 大都会建筑事务所概况	
成立	1975 年
创建者	雷姆·库哈斯与三名共同创建者
员工数	350 人
平均年龄	32 岁（纽约分公司）
全世界分支机构数	6 处
进行中的项目	70—80 个
营业额	未公开
客户	CCTV、普拉达（PRADA）、宜家（IKEA）等
大型项目	国立波哥大市民中心

2 OMA 共同创建者之一，荷兰建筑师雷姆·库哈斯。一直在向世界提出崭新的设计，不断挑战全球建筑界

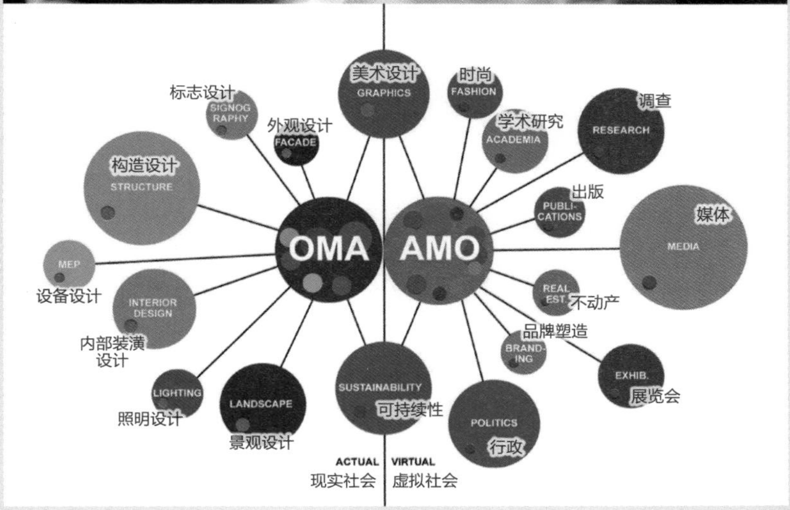

OMA 主管设计的工作，研究机构 AMO 负责调查和品牌塑造，担任挖掘需求的职责。

[手绘: kucci]

办公室向这边的空间扩张
模型室
喷漆角
喷漆和树脂的工具架
切割机
打印室
服务器室
大衣衣架
茶水间
墙壁上展示着已完成的建筑的照片
在美国加利福尼亚州进行中的3个项目的模型习作
小组会议
从窗户可以一览纽约市中心的景色
位于美国佛罗里达州迈阿密的公寓的模型
密密麻麻的建筑类书籍
建材和壁材的样本展示
公园大道办公塔楼设计竞赛模型
摆放着员工、客户和友人赠送的礼品，还

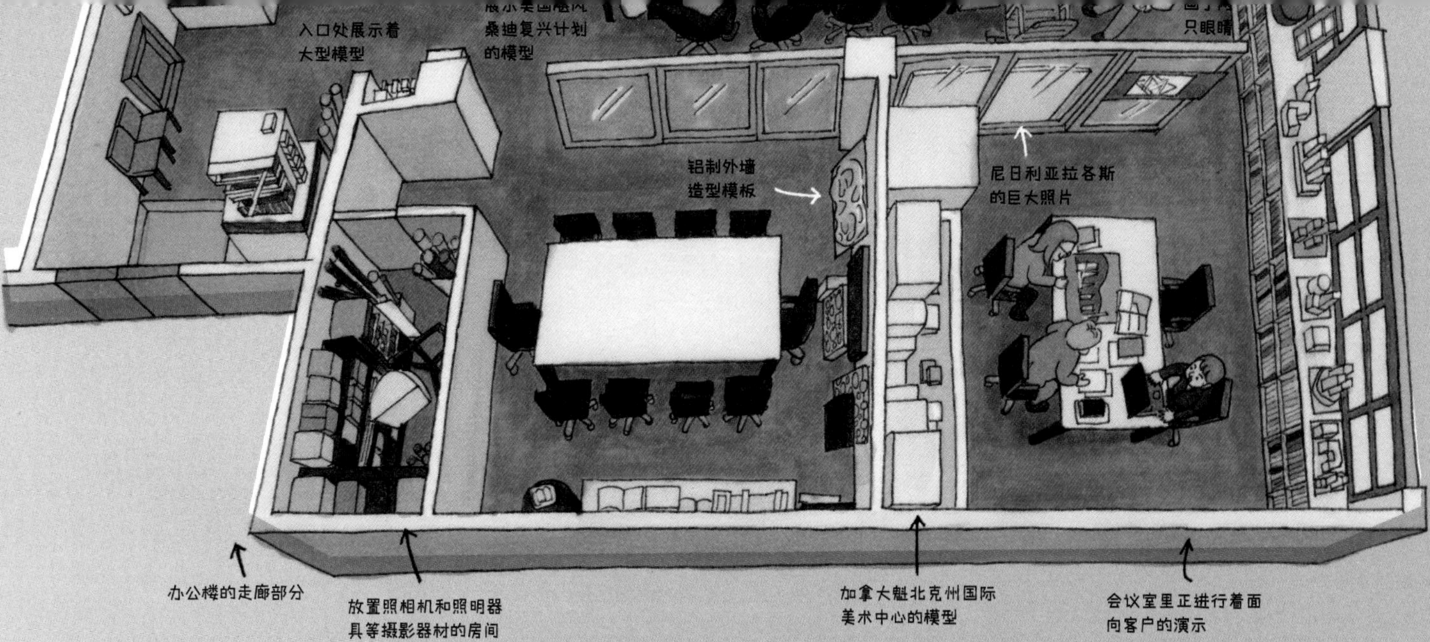
入口处展示着
大型模型
桑迪复兴计划
的模型
铝制外墙
造型模板
尼日利亚拉各斯
的巨大照片
办公楼的走廊部分
放置照相机和照明器
具等摄影器材的房间
加拿大魁北克州国际
美术中心的模型
会议室里正进行着面
向客户的演示

OMA 纽约分公司

3 入口处展示着几个模型。照片是 2012 年飓风“桑迪”发生后的复兴计划模型

4 从办公室东侧的窗户可以看到纽约市中心全貌。为了应对员工的增加，对办公室西侧进行了扩张

5 公用桌子上摆放的模型大多形状独特。从西海岸的加利福尼亚，到人气景区佛罗里达，在全美国都有进行中的项目

犹如科技在不断进步，OMA也一直在探索建筑的可能性。雷姆·库哈斯曾在《日经建筑》2003年11月24日号的采访中说道，“（开拓建筑的可能性是）为了建筑师们能更自由地进行多种选择，我想成为能够去给予这种自由的人。”因此而成为“实验室”的就是美国OMA纽约分公司。

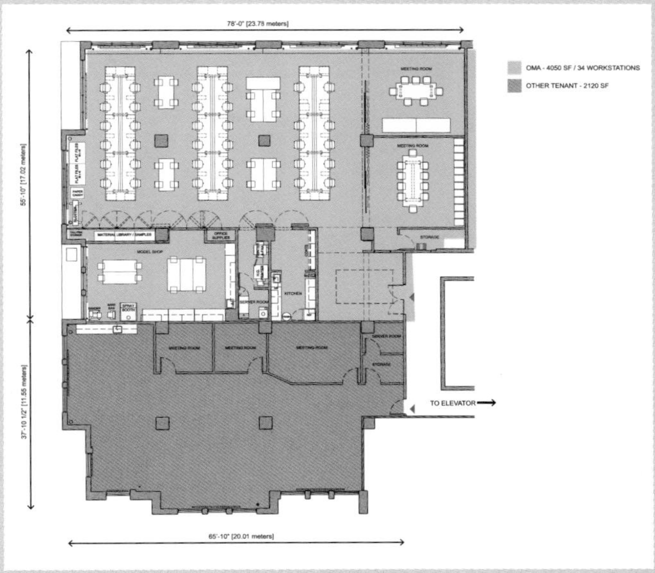

OMA 纽约分公司平面图

分公司位于曼哈顿西南部的办公大楼的高层，入口处展示着几件模型。尤其引人注目的是一座展现了位于水边的街道全貌的大型模型。这是2012年美国遭遇飓风“桑迪”惨重袭击后的复兴计划。纽约分公司不只设计建筑单体，还承接了治理水患等相关的城市规划项目。

从办公室的窗户可以看到纽约市中心的全貌。窗边的书架上都是建筑相关的书籍。其中能见到一些日本的建筑

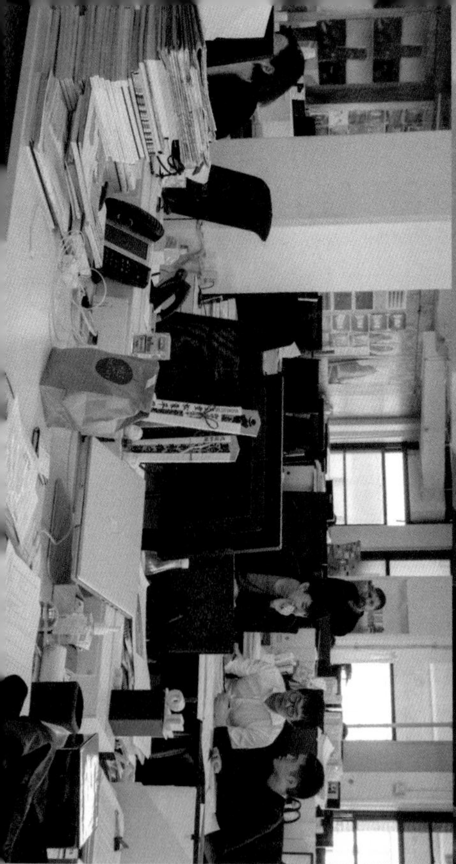

7 纽约分公司负责人重松象平的办公桌。
桌子上供奉着神社的神牌，
营造出一个“小型的日本”的空间

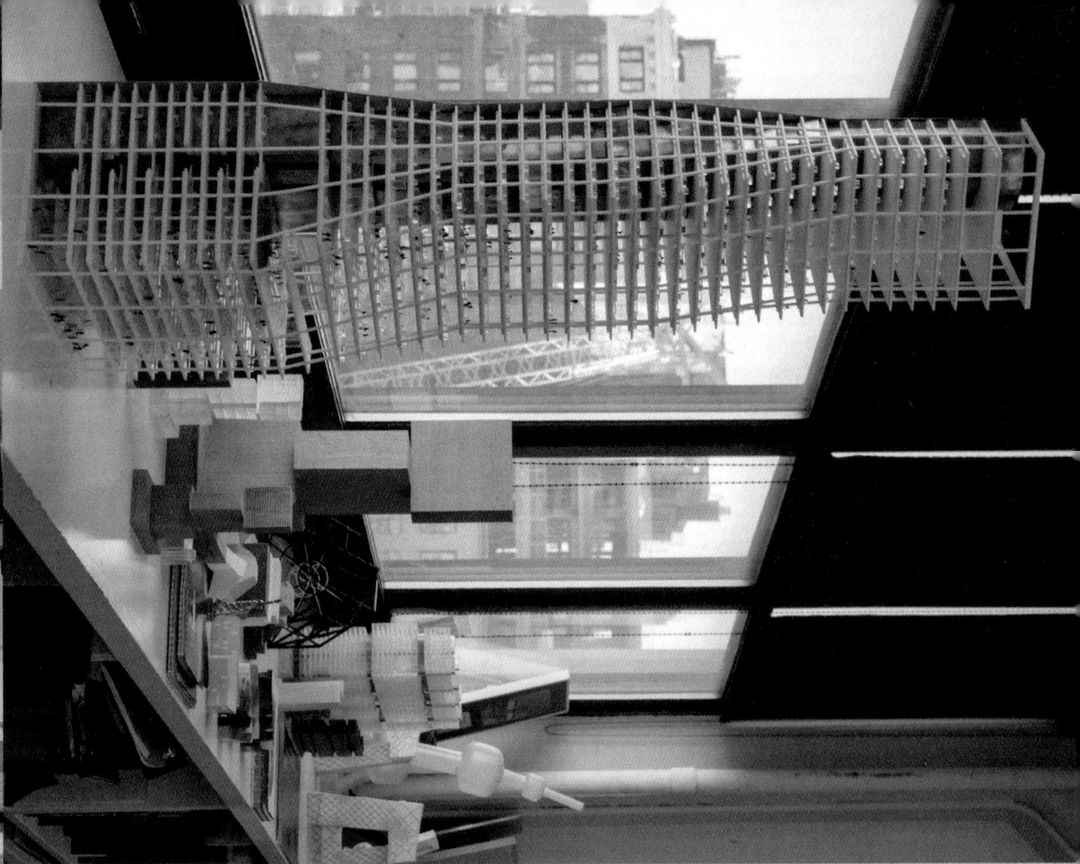

6 这个造型犹如小孩不经意搭起的积木的模型，也是实际存在的设计项目之一。
在事务所里还有一些模型，会让人惊讶地怀疑“如此形状的设计图真的能建起来？”

杂志。公用的桌子上放着进行中的项目模型。在美国加利福尼亚州建设中的大楼、在佛罗里达州计划中的高层住宅等习作模型林立其中。OMA 着手的设计，大多拥有激进而独特的形状。其中有的造型犹如小孩不经意搭起的积木，还有的让人惊讶地怀疑“如此形状的设计图真的能建起来？”

领导着纽约分公司的是自 2006 年起任职负责人的重松象平。他的办公桌上摆放着神社的神牌和画全了两只眼睛的不倒翁等具有日本特色的小装饰品。据说都是从客户和朋友那里得来并不断增加的礼物。

办公室南侧并列着两个会议室。这里是与客户商谈的房间，以及员工间交流的宽敞空间。房间里有铝制的与实物等大的建筑外墙模型，便于员工直观地了解建筑材料的观感和触感，进而运用到设计业务当中。墙上展示着至今为止承接过的主要项目的照片。这面墙的后边保管着拍摄模型时使用的相机和照明器材。

OMA 任用了少数精锐的员工，目前有 45 人在职。业务涉及的国家和地区有美国、南美洲、亚洲等国家和地区。在 2008 年 9 月雷曼金融危机后，组织缩减到 15 人。伴随着经济渐渐恢复，这一两年的员工数量有所增加。我们进行采访的 2015 年 11 月上旬，正好是在办公楼西侧扩建的准备期间。

放眼望去，办公室里有很多年轻人。员工的平均年龄是 32 岁，负责人重松 42 岁（在 2015 年时）。OMA 为

10 展示了到目前为止的所有项目的照片，墙的对面是保管摄影器材的库房

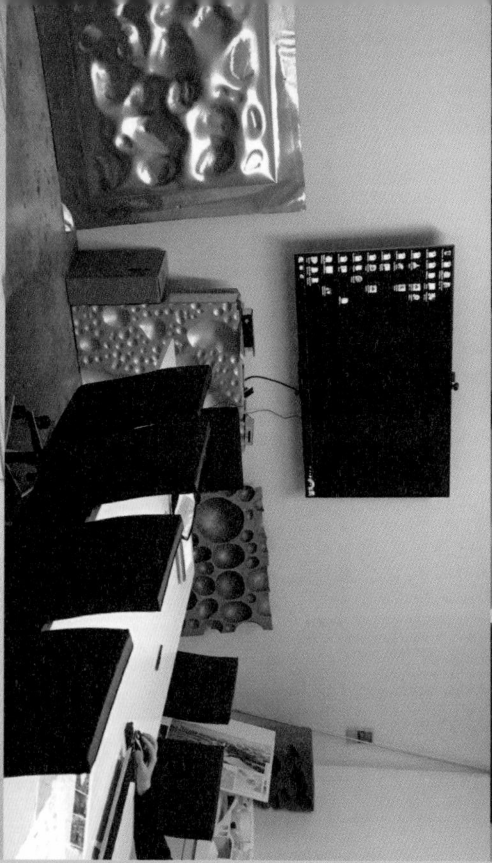

9 供员工使用的大会议室里摆放着铝制的与实物等大的建筑外墙模型，便于员工直观地了解建筑材料的观感和触感，进而运用到设计业务当中

8 窗边摆放着客户和友人赠送的装饰品。画全了两只眼睛的不倒翁也在其中

了在设计上追求创新，推行尽量让年轻人成为负责人的理念。

“我们是继承并发扬先进的 OMA 哲学的第二代。”重松说道。

挖掘出需求的“AMO”

OMA 在 1975 年设立于荷兰的鹿特丹。除了鹿特丹和纽约，还有在北京、香港、多哈、迪拜的总计 6 处分支机构。

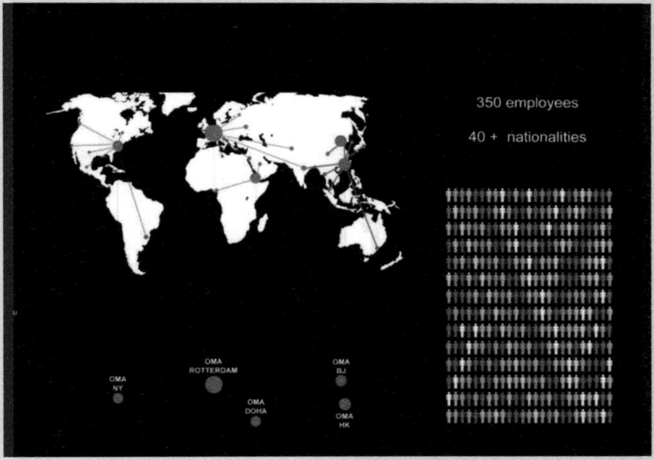

在这里工作的员工有 40 种国籍。

包括重松在内的 9 名合伙人统率着全世界范围内 350 名员工。合伙人各有自己擅长的领域，每 3 个月聚集起来举行一次合伙人会议，以确认事务所的经营方向。

每个人都怀有热情，对关心的事物追究到底，这种过程中能产生专家，工作的领域和多样性也能扩大，进而使组织变得强大。OMA 先进的企业文化就是如此酿成的。

12 员工把项目的平面图带到模型室进行讨论。
OMA 秉持着让年轻人负起责任的理念

11 默默地用美工刀制作模型的员工。
涂装用的喷雾、树脂和工具等紧紧地挨着，摆放在架子上

荷兰的鹿特丹分公司里分配有 6 名合伙人，人事和法务部门集中在这里。可是由于不喜欢金字塔式组织的气氛，各个分公司的运营交由合伙人斟酌定夺。合伙人持有公司的股份，并且对经营负有一定的责任。

为了发展业务，超越了建筑的范畴，库哈斯于 1999 年在华盛顿设立了“AMO”。AMO 的员工隶属于位于各个国家的事务所。OMA 接受具体的设计等“硬件”业务，AMO 担任着调查和树立品牌等“软件”业务。

一般来说，设计是把客户的要求具象化，是被动的。AMO 则主动地向社会提出方案，是创造出新需求的研究机构。

7 成以上的工作通过竞赛获得

重松致力于使“OMA 持续成为建筑界的意见领袖，在知晓风险的前提下提出具有挑战性的设计”。OMA 从质疑大家普遍认识的建筑开始,对设计进行提炼。比如,“图书馆应该是这样的形状”是常识的话，如何尽可能地突破这理所当然的形状来创造出新的设计，是 OMA 绞尽脑汁思考的问题。因此有一段时期，OMA 因为新颖的设计而被称为“不现实的建筑事务所”。

依靠建筑技术一往无前的发展，今时今日，OMA 的设计在世界各地纷纷实现了，可是仍然传承着挑战精神。重松断言道，“即使被称为不现实的建筑师也要追求先进，这是 OMA 成立之初流传下来的哲学。”

14 2012 年竣工的中国北京的中央电视台（CCTV）大楼。
犹如一座巨大的门的新颖形状给世界带来了冲击

13 重松象平于 2006 年被任命为纽约分公司负责人。
“我们是继承并发扬先进的 OMA 哲学的第二代。”重松说道

观察社会，解读时事，向客户提出自己觉得有趣的方案，实现这个目的的手段可以说是国际性的竞赛了。OMA 取得的项目里，超过 7 成是通过竞赛赢得的。当然，也有落选的时候。可是，即使是失败也要从中获益。提出与优胜者抗衡的设计，即使没能实现，也能给世界留下强烈的印象。

OMA 认为，参加竞赛也是宣传的手段，是一种投资。不管方案是否被采用，只管提出负责人认可的内容。“OMA 是为了向世界提出有趣的方案而存在的”，这一觉悟渗透在员工的思想里。

“即使输了竞赛，把被评价为‘让人耳目一新的好方案’留存下来是很重要的”，重松说道。

SHOHEI
SHIGEMATSU

重松象平
OMA 合伙人
纽约分公司负责人

1973 年生于福冈县。
毕业于九州大学建筑学专业。
1998 年起任职于 OMA，
主要负责美国和亚洲的项目。
在中国北京的中央电视台（CCTV）大楼的设计项目中担任项目总设计师。
自 2006 年起担任纽约分公司负责人

16 成长中的中国为了向世界展示雄心，在竞赛中采用了 OMA 的方案

15 在水平和垂直方向延伸，连成一个环状的主体，用设计来展现出 24 小时运转的电视台里面人与人之间的交流，还体现了电视台工作的连贯性。

震惊世界的 CCTV 大楼

重松负责的项目中，著名的有中国北京的中央电视台（CCTV）大楼，其新颖的结构给世界带来了冲击。大楼于 2012 年竣工，从正面向上看，给人一种不稳定的感觉。顶部连接着底层部分的两座高塔。这座高层建筑高达 234 米，以巨大的门为蓝本设计而成。

参加竞赛的有中国国内和世界各国的建筑事务所。在构想设计的时候，重松把目光重点放在了电视台的功能上。

在调查的过程中浮现出一个难题，就是电视台里负责节目制作的创作部门和开拓客户的营业部门之间难以进行思想交流。摄影现场需要有收纳大型器材的空间和摄影棚等。

电视台通常会把营业部门设置在城市里，而把制作部门置于郊区。为了解决这个问题,OMA 对设计进行了思考。

从发布新闻的功能来考虑的话,电视台必须 24 小时运行。为了把人的交流和工作的连续性落实到设计中，建筑主体在水平和垂直方向延伸而联结成环状，这种结构实现了各种功能的连接。

当时的中国即将迎来 2008 年北京奥运会，全国上下士气高扬。作为能展示其成长雄心的标志性建筑，这个先进的方案受到了高度评价。

18 最高处高达 234 米的双塔，顶部由长悬挑结构连接。
从连接处的眺望室地面可以一望建筑周边的公园

17 从打破社会通常所认识的建筑类型入手，提炼设计方案。
追求电视台在功能方面应有的姿态，以此为基础进行设计

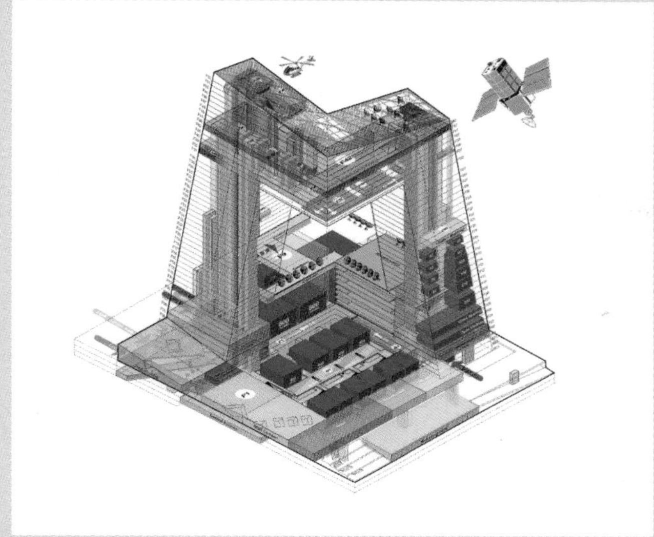

在安定与挑战间徘徊的 OMA

另一方面，重松负责的项目里也有无法实现的建筑方案。其中之一是位于曼哈顿西边的哈德逊河对岸的新泽西复合大楼开发计划。自“9·11”事件（美国恐怖袭击事件）以来，原本在华尔街设置据点的金融机构不约而同地转移到了泽西城。美国的房地产开发商顺应潮流而嗅到商机，制定了在办公楼功能之外再加上商业设施、酒店、美术馆等功能的复合高层大楼的方案。

20 从流淌在纽约曼哈顿岛西侧的哈德逊河眺望新泽西复合大楼夜景的效果图。
在林立的高楼中尤其显眼的奇特剪影（中间部分偏右）

19 2007 年美国新泽西复合大楼的开发计划被称为“不现实的建筑”。
设计方案将办公楼、住宅、酒店、商业设施等功能以“积木”的形式重叠起来

重松为了将高密度的功能以良好的效率配置到一幢大楼里面，提出了根据不同使用目的把不同朝向的构造体叠加而成的设计。相互交错而向外部开敞的空间用作公共空间。从曼哈顿眺望这边的夜景，大楼的剪影仿佛是“积木”一般。甲方预计这一独特的形状能够引起热烈的讨论，十分赞赏这个方案，可是由于市场景气下滑，项目现在处于休眠状态。

重松说道，“有人认为事务所里有特别任命的工作会比较好。”参加竞赛的花费高达几百万到几千万日元，如果输了，就要背负这个亏损。即使赢了，如果没有实际建起来，也没办法收回成本。

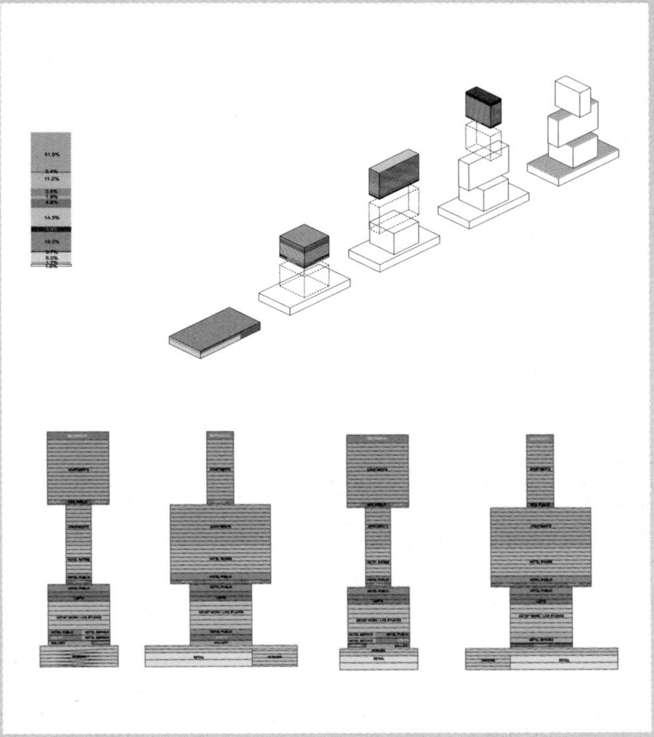

22 最终的设计方案由不同朝向的构造体叠加而成，相互交错而向外部开敞的空间用作公共空间，可以设计为露天咖啡厅、大草坪等

21 对于高密度集合了各种功能的复合大楼的设计，如果追求空间的高效率利用，建筑外形就会相互雷同。OMA 的设计方案把目标放在经过计算得出的每种功能最适合的容量大小，并且与外部空间有所联系

把人力资源集中投入到竞赛中的话，会有员工在竞赛结束后筋疲力尽。“‘与其把资金投入到竞赛中，不如把这部分资金用到经营上’，这样的议论经常在经营管理层中发生。”重松开诚布公地说道。尽管如此，挑战大决战的兴奋感是 OMA 的动力。

在理解现在的选择所背负风险的前提下，尽全力去实现自己的想法，在烦恼中追求创新的姿态，正是 OMA 的精髓——以创新为第一，利益为第二。

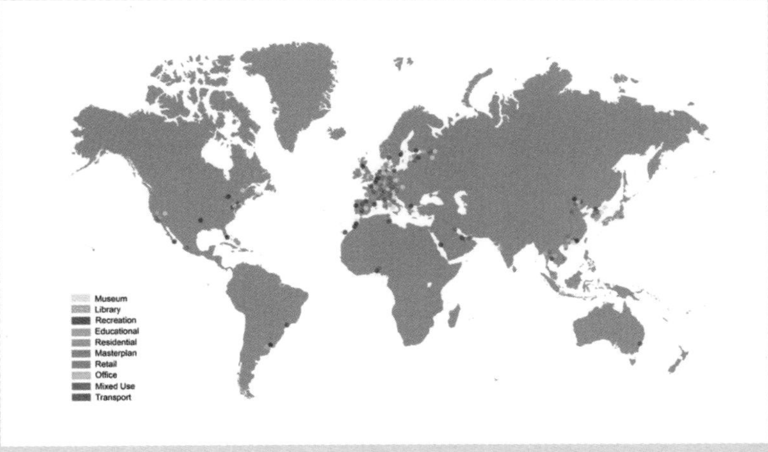

OMA 承接的项目散布在全世界

从反驳中诞生新的方向

我曾在日本的建筑事务所工作了两年，自 2014 年起在 OMA 任职。最初让我感到惊讶的是，其他员工在自己的作品被评价时，必须进行反驳。

因为抱有“我能做出好的设计”这种思想，受到批评时是不可以退缩的。必须从反驳引发的讨论中得到启示，从而产生出新的构想。

准备竞赛的过程很辛苦。第一次参加竞赛时，最辛苦的是最后的两周，期间一边构想，一边以极快的速度画出方案。绘制的图面不仅要符合演示的规格，而且要既有创新又能解决问题。最关键的是，必须得赶上交图期限，这会带来很大的压力。

（口述）

CALYSSA MURASAKI SALTZGABER

阿莉莎·紫·萨鲁兹基博

两人都有在日本的建筑事务所工作的经验。他们表示，能和创建者进行讨论的企业文化“和重视上下关系的日本不一样。”

舍弃的勇气与不服输的反驳

我曾负责加拿大魁北克美术馆增建的竞赛。当时刚经历过经济危机，纽约分公司的员工数量大幅减少。以有限的人才去“赢得比赛，否则后果不妙”，在这样的压力感之下，参加了竞赛。

构思了不下 100 个设计方案，后来在竞赛中获胜的方案，是纽约分公司员工们不太重视的一个方案。竞赛前一个月时，雷姆（库哈斯）来到纽约，对设计方向做出了很大的转变。

在 OMA，即使自信自己的设计是优秀的，也要自始至终持有批判自己的精神和舍弃以往设计风格的勇气。这是因为，考虑到花费的时间和精力，会对自己的方案产生感情。可是，在达到最完美的目标前，受挫了很多次呢……尽管如此，还是身经百战的雷姆和象（指重松象平）最熟知接近获胜的方法。如果希望创造出更加有趣的设计，“对自己满意就是输了”。

另一方面，合伙人的指示不是绝对的，他们会毫无偏见地接受年轻员工的构思。我曾在日本的建筑事务所工作过，日本的上下级关系分明，与长辈的接触方式和这里的很不一样。在日本，年轻人是不可以与上级争论的。而在 OMA，你甚至能与雷姆进行讨论。

（口述）

YOSUKE
KONDO

近藤洋介

英国霍普金斯建筑师事务所通过伦敦奥运会的自行车竞技场设计，

给建筑环境领域带来了新风向。

其设计兼顾了高度的功能性和大胆的造型，

是取得环境性能评估“BREEAM”(英国建筑研究院环境性能评价)最高水准的先驱者。

通过设计和科学的“融合去开拓环境设计

用最先进的环保建筑作为杀手锏去吸引全世界的客户

Hopkin Archite

ts
124—125
走进世界顶级建筑事务所
Hopkins Architects

1 由铁骨组成的格子状骨架构成名为“帕提拉楼房系统”（Patella Building System）构造的办公室。
2000 年代初，员工数有所增加，因此在室内设置了夹层以容纳更多人

OFFICE LOCATION

办公地点

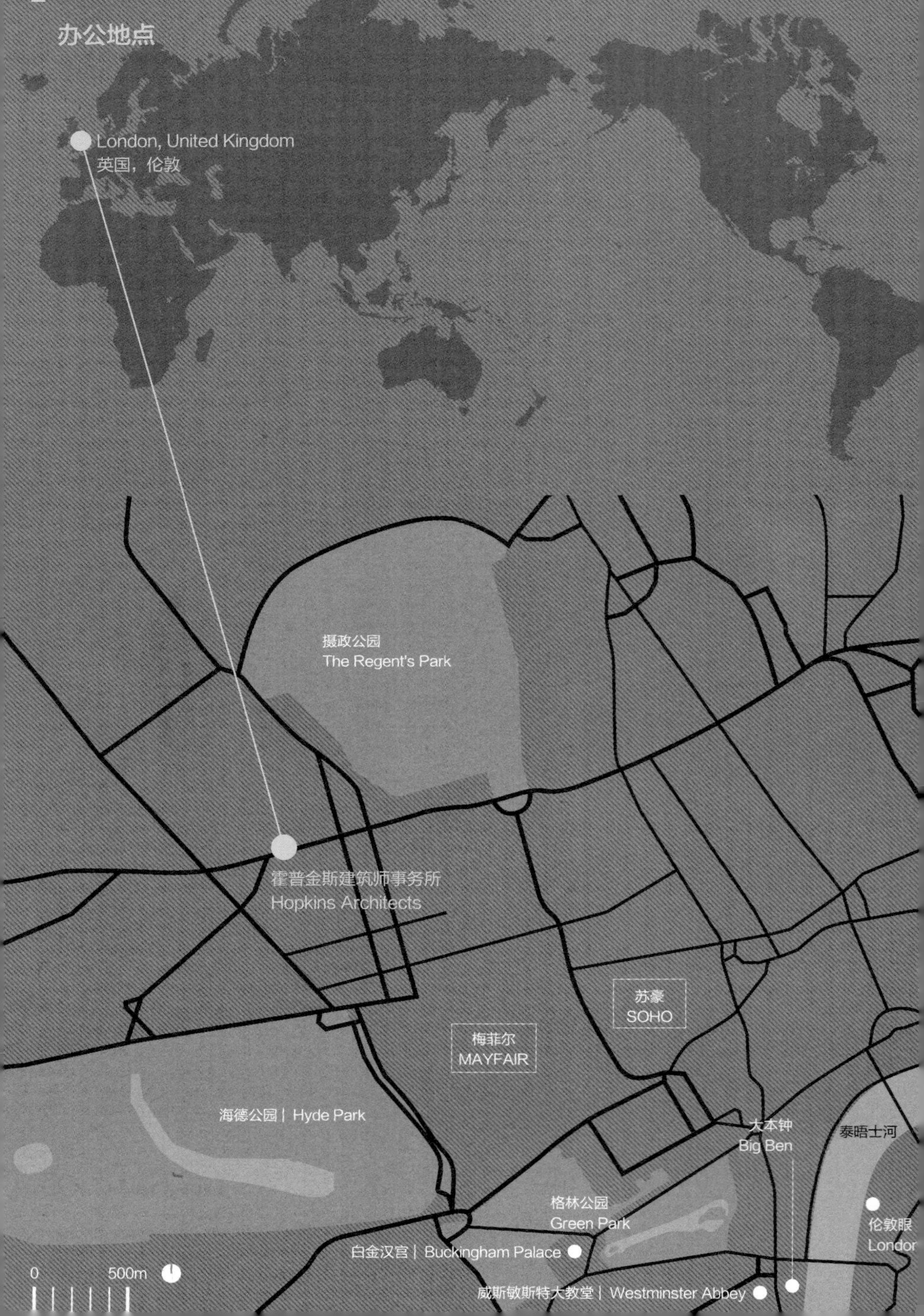
London, United Kingdom
英国，伦敦
摄政公园
The Regent's Park
霍普金斯建筑师事务所
Hopkins Architects
苏豪
SOHO
梅菲尔
MAYFAIR
海德公园 | Hyde Park
大本钟
Big Ben
泰晤士河
格林公园
Green Park
伦敦眼
London
白金汉宫 | Buckingham Palace
威斯敏斯特大教堂 | Westminster Abbey
0
500m

霍普金斯建筑师事务所概况	员工数	营业额
成立	约 123 人	1182 万英镑（约 1 亿 134 万人民币）
1976 年	**平均年龄**	**客户**
创建者	34 岁	哈佛大学、耶鲁大学、三井不动产等
迈克尔·霍普金斯（Michael Hopkins）	**全世界分支机构数**	**大型项目**
帕特里夏·霍普金斯（Patricia Hopkins）	5 处	新日比谷计划（预计 2018 年竣工）
	进行中的项目	
	26 个	

2 迈克尔·霍普金斯（右）和帕特里夏·霍普金斯夫妻于 1976 年创建了事务所

[手绘: kucci]

霍普金斯
建筑师事务所

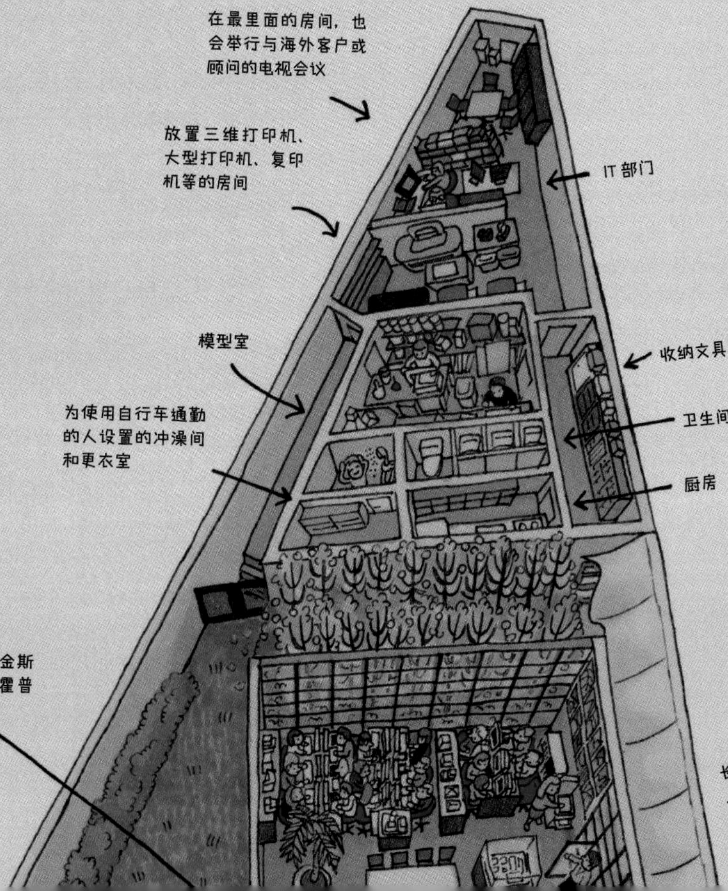
在最里面的房间，也
会举行与海外客户或
顾问的电视会议
放置三维打印机、
大型打印机、复印
机等的房间
收纳文具等用品的架子
为使用自行车通勤
的人设置的冲澡间
迈克尔·霍普金斯
和帕特里夏·霍普
金斯的办公桌
长长的走廊
上方一直都
支着帐篷
天气好的时候，在并
排的梧桐树丛中的桌
子旁开会，办宴席

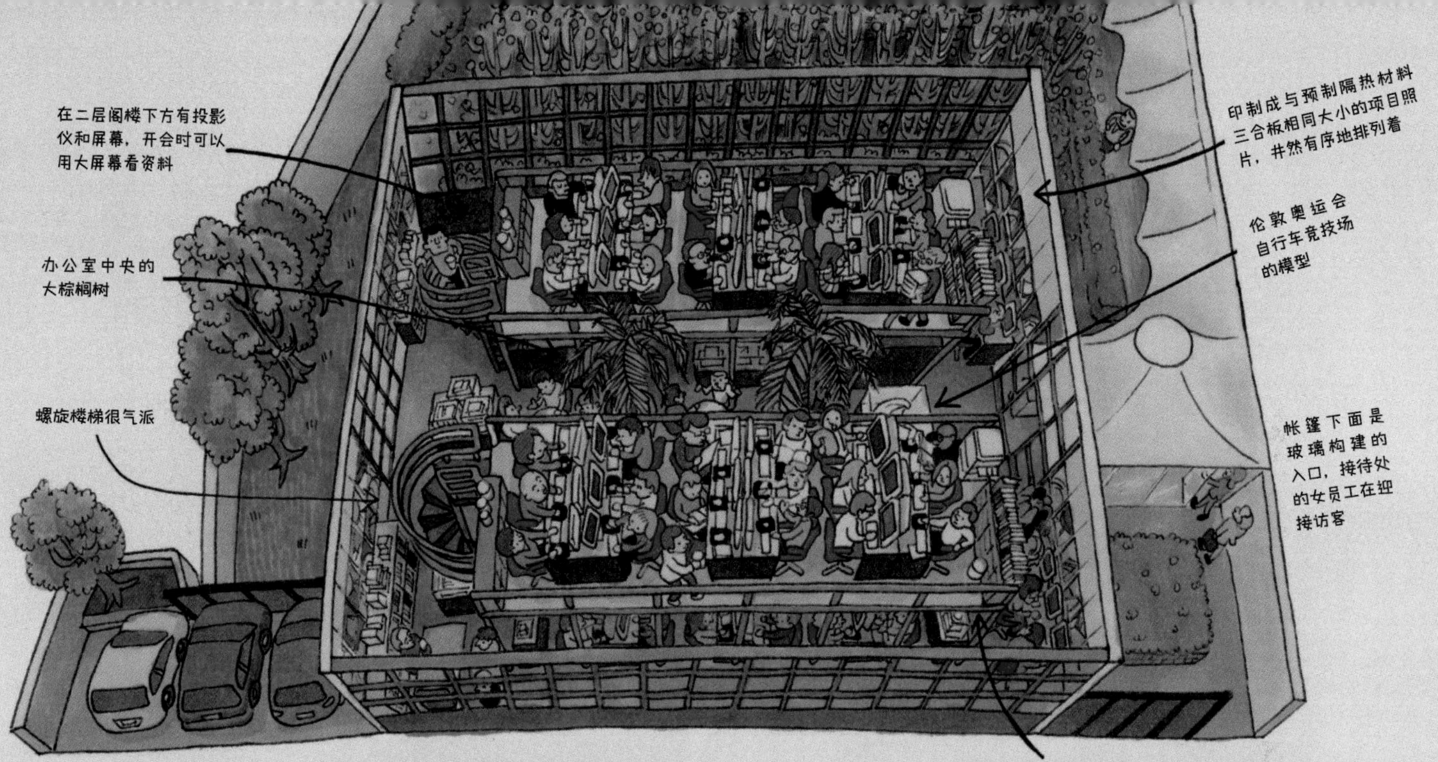
在二层阁楼下方有投影仪和屏幕，开会时可以用大屏幕看资料
办公室中央的大棕榈树
螺旋楼梯很气派
印制成与预制隔热材料三合板相同大小的项目照片，井然有序地排列着
伦敦奥运会自行车竞技场的模型
帐篷下面是玻璃构建的入口，接待处的女员工在迎接访客
活用顶棚高度而设置的二层阁楼

以“帕提拉楼房系统”构成的建筑物，随着事务所的成长而柔软地扩张。建筑整体由 600 毫米厚的膜构成

3 事务所的大本营位于伦敦市内的玛丽勒区，
与侦探小说主人公夏洛克·福尔摩斯很有缘分的贝克街就在附近

4 能让员工并肩工作的平坦的办公桌。因为桌子没有隔板，
所以下属转头就能够和坐在旁边的上司商量问题

以伦敦为根据地的霍普金斯建筑师事务所是英国建筑界的环境设计先驱者。在以“可持续发展的奥林匹克”作为口号的2012年伦敦夏季奥运会中，降低环境负荷的设施——韦洛德罗姆球场（自行车竞技场）受到了很高评价，事务所从此在世界范围一举成名。

主持事务所的迈克尔·霍普金斯是拥有爵士头衔的英国建筑界权威。可是，这里和日本被称为“工坊”的建筑事务所大不相同。让我们先来看看办公室的内部结构。

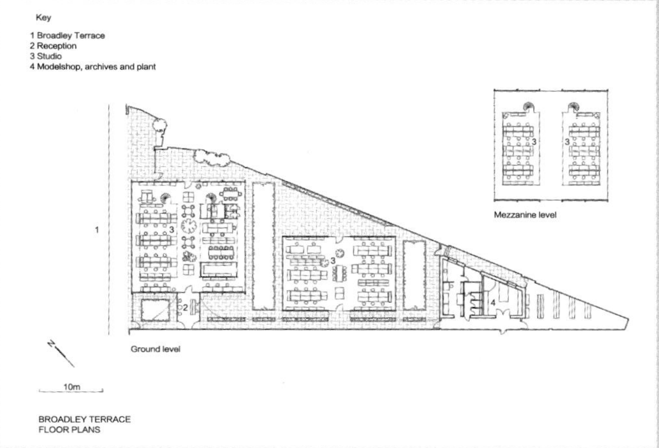

霍普金斯建筑师事务所的办公室平面图

办公室内设有二层阁楼

霍普金斯建筑师事务所的大本营位于伦敦市内的玛丽勒本区。从摄政公园往西南方向步行10分钟，便到达一座蓝色外墙的建筑前。办公室由铁件组成的格子状骨架构成，这种单纯的构造名为“帕提拉楼房系统”。这里原来是在1980年代应客户要求而设计的展示馆。构造建材很轻，是以“两个人就能组装起来”为概念而开发的。

7 办公室中央放着巨大的花盆，里面种着两颗椰子树。
由于顶部采光采用了自然光，所以树在室内也能长起来

6 从入口进去可以看到伦敦奥运会的自行车比赛场地
“韦洛德罗姆球场”的剖面模型。
模型的旁边放着客户赠送的由报纸制成的真人大小的人偶

5 从室内的螺旋楼梯爬上二层阁楼。
楼梯的角落里摆着一些桌椅，用作商洽空间

办公室大致分为 3 栋，用作设计工作室的两栋建筑采用了相同的构造。中间那栋以前是客户的零售商店，客户不再使用后，霍普金斯建筑师事务所接手过来并进行了改造。

伦敦办公室有 93 名员工，再加上阿联酋迪拜的设计工作室，德国慕尼黑、中国上海和日本东京的项目办公室，总共有 123 名员工。伦敦办公室的员工多数喜欢用自行车通勤，所以建筑物里设有洗澡间。

经过玻璃外墙的前台进入沿道路而建的办公室，来到一个设置了顶部采光的明亮空间。由于太阳光能充分地照射进来，办公室中央放了两棵几乎高达顶棚的棕榈树。室内有钢结构的二层阁楼，这是 2000 年代时为了应对员工的增加而建的。

进入设计工作室后，最初映入眼帘的是韦洛德罗姆球场的剖面模型。入口处还展示着这个球场各种比例的模型，让人体会到这是曾经倾力打造的一个项目。

通过螺旋楼梯上到二层阁楼，办公室的氛围稍有不同。霍普金斯建筑师事务所根据员工负责的领域进行了细致的分工。相同领域的小组各自聚在一起工作，再加上室内空间被二层阁楼分割为上下两部分，仿佛有空气做成的帘子把工作室分隔开了。

3 栋办公楼由撑着帐篷的走廊连接。3 栋建筑中，离入口最远的一栋配备了放置复印机和大型打印机的房间。负责信息情报的信息技术工作人员也在这里工作。走廊由

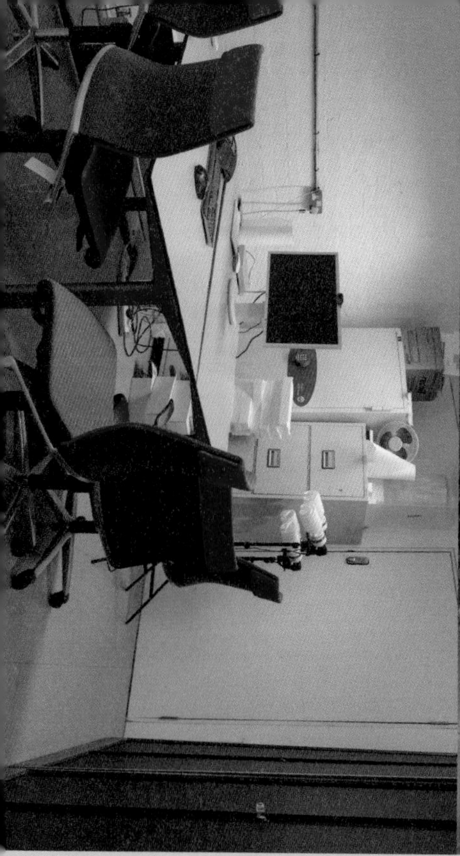

10 位于用地最深处的“秘密的会议室”。来到这里要经过事务所所有的部门，因此访客能观察到员工的工作情况

9 连接 3 栋办公楼的走廊撑着帐篷，因此能接触到户外的空气。在前往建筑最里面的打印室时，可以边走边转换一下心情

8 室内空间被二层阁楼分割开，小组以专门领域为分区，各自聚集在一起工作，因此，在不同的地方，氛围也不一样

于能接触到外界的空气而冬冷夏热。有一位员工说，“习惯了空调房的身体和头脑可以重新恢复精神，转换一下心情的感觉很好！”

霍普金斯建筑师事务所的建筑平面是以占地长边方向的南端为顶点的直角三角形。离正门最远的三角形顶点附近有一个“秘密的会议室”。和客户的商洽等重要的会议在这里举行。这个房间用来招待重要客人不够风雅，但把它设置在事务所最深处有着特殊的意图。

访客在到达会议室前，能经过伦敦办公室所有的部门。设计师、模型师、程序设计员等员工的工作状态自然映入眼帘。客户在商洽之时，能知道“一起工作的会是什么样的人”。霍普金斯建筑师事务所为了更容易地建立起和客户之间的信赖关系而用心配置了办公室。

环境是哲学也是武器

迈克尔·霍普金斯和帕特里夏·霍普金斯夫妇于 1976 年成立的事务所,在“环境”和“可持续发展”被推崇以前，就致力于设计能有效利用大自然力量的建筑。例如，位于英国中部的诺丁汉大学朱比利分校，前身为一家工厂，其旧址是一处被污染的土地，被再利用于标志性校舍的建设。这座建筑竣工于 1999 年，设置了能把外部空气导入建筑物内部的风车并配备了换气塔，还有用水草净化校园内池子的设备。

事务所并不会为了环保就牺牲设计。一方面，根据周边

12 邻接伦敦的象征“大本钟”北侧的新议员会馆。
建筑物顶部的烟囱不只是为了配合当地景观，还是利用上升气流来换气的换气装置

11 诺丁汉大学朱比利分校的所有建筑都设有自然换气装置。
这样的设计使能源的消耗量被削减至同规模大学的一半

地域的历史和景观而设计相配的建筑，另一方面，以高水准融合意匠和科学，是霍普金斯建筑师事务所的真本事。大本钟（英国伦敦议会大厦的钟塔）北侧邻接的、竣工于2000年的新议员会馆屋顶排列着象征性的大烟囱。这是以过去伦敦住宅的暖炉和烟囱为蓝本并且为了不破坏周边的历史建筑物的氛围而设计的，能起到自然换气的功能。

对环境的考虑通常存在于设计哲学的根本。可是，并不仅仅因为这是创建者的哲学，就成为致力于环境设计的动机。负责中东至亚洲地区的资深合伙人西蒙·弗雷泽（Simon Fraser）说明道，“从另一方面看，率先设计绿色建筑（环境性能高的建筑）的经营方式也是抓住优良客户的市场营销方法。”

某个地区的租赁房屋里如果有优良的租户进驻，其房地产价值会上升。“国际性金融机构等在租赁时，会选择满足一定环境基准的建筑作为办公室。”弗雷泽说道。

用奥运会设施去感动世界

号称史上第一届绿色奥运，把“可持续发展”作为计划核心的伦敦奥运会，成为霍普金斯建筑师事务所展示其“环境先进性”的绝佳舞台。这里所说的正是一开始提到的韦洛德罗姆球场的设计。杉树木材覆盖的外观正适合绿色建筑的身份，但建筑的“精髓”藏在其截面之中。从2007年设计竞赛到2011年竣工，一直参与这个计划

13 伦敦奥运会的自行车竞技场“韦洛德罗姆球场”利用空气对流而达成自然换气效果。温暖的空气从外墙的缝隙排出屋外时，会有新鲜的空气从下部的缝隙流入

14 韦洛德罗姆球场的屋顶构造使用了网膜结构，从而实现轻量化和节能化。
屋顶收集的雨水用于厕所等地方

15 为了照顾参赛选手，跑道中央的平坦部分设有地暖。平时保持在 18 摄氏度，竞赛中上升到 28 摄氏度

SIMON FRASER

西蒙 · 弗雷泽

资深合伙人

1990 年起就职于霍普金斯建筑师事务所。
2000 年代初开始经手多个国外项目。
2004 年设立迪拜设计工作室，
负责中东和亚洲地区的项目组。
曾参与日本东京丸之内大楼的概念设计。
现在负责预计 2018 年 1 月竣工的新日比谷计划（暂称）的主要设计。

的联合合伙人托马斯·科里（Thomas Corey）说道，“设计的亮点在于这是能自然换气的建筑物。”

把新鲜的空气从韦洛德罗姆球场的观众席下面引导进来，使室内保持在舒适的温度。高高挑起的外墙两端设有缝隙。缝隙分为上下两部分，由下部的缝隙透入外面的冷空气，室内的暖气从上部的缝隙排出室外。

跑道中央的平坦部分设有地暖，平时保持在 18 摄氏度，竞赛中上升到 28 摄氏度。被加热的空气上升到顶棚时，如果顶棚是平面或者球面的话，上升的空气会滞留在顶棚。韦洛德罗姆球场的顶棚两端高高挑起，暖空气都集中在这些部分。这些暖空气被排出建筑外部时，新鲜空气就从观众席流进来。

屋顶使用网膜结构是为了轻量化和节能化，不但有助于换气，还能收集雨水并用于厕所等地方。大船似的外观是基于追求自行车竞技场的功能、对自然能源进行利用

18 布伦特区里住着不同种族的人，
在设计中特意采用橙色和红色等色调，
来酿造各个种族的色彩氛围

17 伦敦西北郊外的布伦特文娱中心是第一座取得英国
环境性能评价“BREEAM”最高标准的公共建筑

16 外墙由杉树木材覆盖，其外观看起来像一艘大船。
现在作为绿色设施的象征，被保留在伊丽莎白女王奥运公园里

以及美观这三点而得出的。

第一个达到英国环境基准的建筑

英国是全世界率先设置了建筑的环境性能评价“BREEAM”（BRE Environmental Assessment Method）的国家。这是绿色建筑的成绩册。BREEAM 在 2008 年设了最高级别的标准“杰出”（Outstanding）。霍普金斯建筑师事务所设计的英国公共建筑成为第一个取得最高标准评价的建筑。

该项目是位于伦敦西北部郊外、竣工于 2013 年的布伦特文娱中心。客户是布伦特区政府，提出的条件是“能取得 BREEAM 新设的最高标准评价”。然而，这是新出台的标准，没有前人经验可参照。负责项目的建筑师南云要辅说明道，“建筑物的中心部分依靠自然换气，但如何最大地减少建筑整体的能源损耗是一个困难的课题。”

在这种需要新知识的时候，霍普金斯建筑师事务所会积极地借助外部专家的力量。在英国，甲方一般会和支持建筑事务所的专门领域的公司直接签约。布伦特文娱中心的构造、设备和环境设计交给了美国的建设管理公司 URS（现更名为 AECOM）。

“通过计算得出，把二氧化碳的排出量降低到标准值需要三根烟囱。”“不对，从这个房间的设计看来，不想让人从外面看到烟囱的存在。”为了达到环境性能的最高标准，

19 屋顶使用的是热可塑性氟聚合树脂（ETFE）制成的膜。

霍普金斯建筑师事务所在运用新材料这方面很积极

在设计上必须尽量少用空调，因此需要设置自然换气的烟囱。专家和设计师双方都在为了满足环境性能而不断地调整数据，提炼设计。南云说，“在设计上不可让步的地方，与专家在数值上显示的环境性能相对照，为了解决其中矛盾的地方，不知画了多少张草稿。”

YUSUKE NAGUMO

南云要辅

项目设计师

在竹中公务店工作了 10 年后，
前往英国 AA 建筑联盟学院留学。
从该校的设计调查研究室毕业之后，
于 2001 年起就职于霍普金斯建筑师事务所。
布伦特文娱中心的项目更换了不少业务骨干，
南云自始至终都参与了设计。

当然，预算也是一个难题。最初想采用瑞士产的玻璃建造布伦特文娱中心的正面墙体和非承重墙。可是为了不超过预先定下的总建设费，必须换一个方案。使用英国产的也超了预算，最终使用了中国产的建材。客户要求“能取得 BREEAM 新设的最高标准评价”的大方向决定了，其他地方可以通过弹性变化去应对。

霍普金斯建筑师事务所频繁地请来环境学方面的专家，一起举行学习会以吸收知识。每个月邀请专家到办公室里举行一次学习会，结束后在中庭一边吃着小吃一边聊天。参与设计业务的员工按照专业领域被分成不同的小

22 霍普金斯建筑师事务所的办公楼之间夹着的中庭。
悬铃木围绕的空间里摆放有桌椅，
这里是员工休息的地方

21 霍普金斯建筑师事务所二层阁楼下方的会议室。
每个月邀请一次环境、构造、设备等方面的专家来举行学习会

20 在最初设计布伦特文娱中心时，想采用瑞士产的玻璃建造正面墙体和非承重墙。也考虑过英国产的，但最终考虑到经费问题还是采用了中国产的

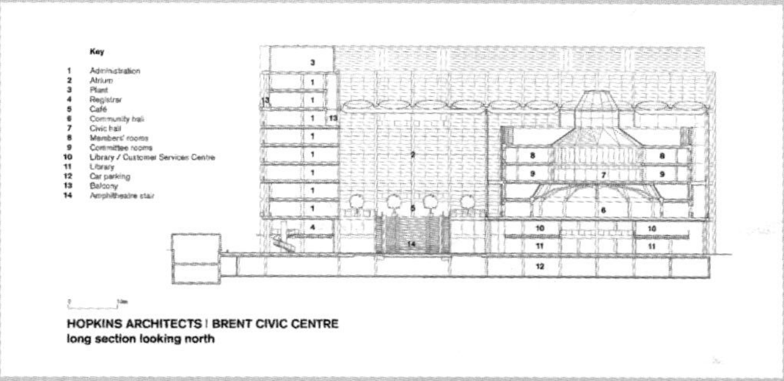

布伦特文娱中心的剖面图

组，来磨炼自己的技术。因此，结识不同公司的专家能帮助项目更顺利地进行。学习会还能扩展建筑方面的新人脉。从这些日常里，诞生出致力于创造新设计的精神。

以鹿鸣馆为蓝本的“舞动之塔”

在东京的日比谷建造跳舞的塔楼吧——这个概念出自面向日比谷公园的超高层大楼的设计。当时霍普金斯建筑师事务所提出了甲方预料之外的方案。预计于 2018 年竣工的“新日比谷计划”（暂名）竞赛之时，项目负责人对委托方三井不动产的成员们述说了日本近代化象征——鹿鸣馆的故事。三井不动产日比谷街道建设促进部的藤井拓也组长对这个说明“感到印象深刻”。

这个计划由霍普金斯建筑师事务所的资深合伙人西蒙·弗雷泽和日本代表星野裕明（星野建筑事务所代表，位于东京港区）负责。星野说，站在日比谷大道眺望建设计划用地时“想象到了曲线的建筑”。将“剧场街区”、“曲线”元素结合到想象过程中，将以前在帝国酒店附近的鹿鸣馆的故事也融合进设计中。

设计也考虑了意匠和环境性能的融合。比如说，外墙不是平面的，而是像裙摆似的有起有伏。在连续的“L”形玻璃板之间嵌入金属框的天窗，可以达到遮蔽日照的效果。

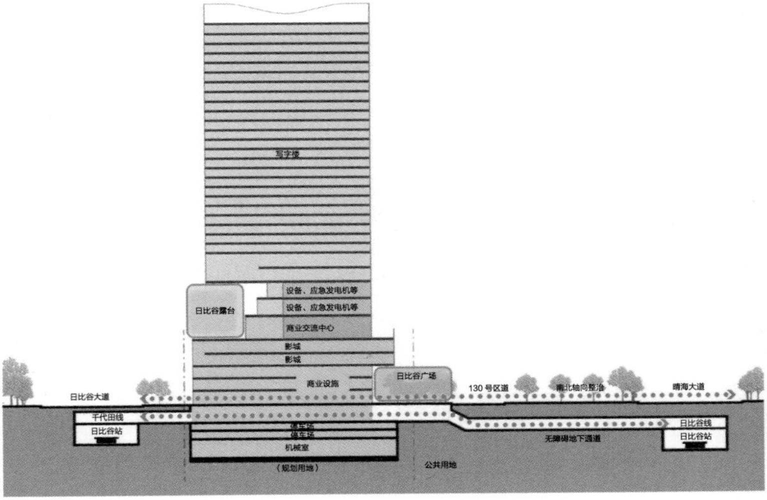

星野说明道，“受夕照影响的外墙特意采用了深深地向里凹进的造型，是因为这样的设计在理论上可以降低热负荷。”

“作为社会的资产，新日比谷计划是东京风景的一部分。霍普金斯建筑师事务所高水平地把历史和创新折中地实现了。”藤井组长如是评价道。

在日本国内大规模的再开发项目中，据说像这样寻求外国建筑事务所构思的房地产开发商在增加。越是在历史背景浓厚的地区，日本建筑师就越容易为了配合周边环境而提出稳妥的方案。

星野说，“霍普金斯建筑师事务所有着欧洲式的思维方式，而且还曾着手过迪拜等地的诸多项目。日本的设计对于世界发达城市的经验的需求日益增加。为了对历史进行解读并提高其附加价值，设计师要与客户一起，从最初的建筑计划书开始进行构思。”

HIROAKI HOSHINO

星野裕明

建筑师、霍普金斯建筑师事务所东京负责人

1973 年生于埼玉县。
1996 年毕业于早稻田大学理工学院建筑学专业。
1998 年完成早稻田大学理工学院硕士课程。
2001 年取得东伦敦大学研究生院的毕业证书。
2000 年起任职于迈克尔·霍普金斯联合事务所（现霍普金斯建筑师事务所），曾负责新丸之内大楼等项目。
2005 年起就任迪拜设计工作室的项目总监。
2012 年起就任霍普金斯建筑师事务所的日本代表，霍普金斯建筑师事务所东京负责人。

以荷兰为据点的 MVRDV 是成立了 20 多年的建筑事务所。

度过了欧洲经济危机之后，其规模在这两年急剧扩大。

MVRDV 建筑事务所不只是有着年轻的势头，还逐渐萌生出对于荷兰建筑界的责任感。

2016 年春，MVRDV 建筑事务所开始启动新体制，向继续扩大组织挑战。

“蜕掉”年轻的外壳不断成长

胸怀挑战者的 DNA 为扩大组织而创新体制

MVRDV

MVRDV 建筑事务所

1 MVRDV 的午餐。

事务所内细长的桌子两边，面对面地坐着 50 名员工在享用午餐。（本页至 168 页的照片是 2016 年 3 月拍摄的旧办公室的样子）

OFFICE LOCATION

办公地点

MVRDV 建筑事务所概况

成立	1993 年
创建者	维尼·马斯（Winy Maas）、雅各布·范里斯（Jacob van Rijs）、纳塔莉·德维雷斯（Nathalie de Vires）
员工数	约 130 人
平均年龄	30—32 岁
全世界分支机构数	2 处（鹿特丹、上海）
进行中的项目	40—50 个
营业额	约 800 万欧元（约 6275 万人民币）

2 从左至右是维尼·马斯、雅各布·范里斯、纳塔莉·德维雷斯。
MVRDV 的名字是取三人名字的首字母（Winy Maas、Jacob van Rijs、Nathalie de Vires）组成

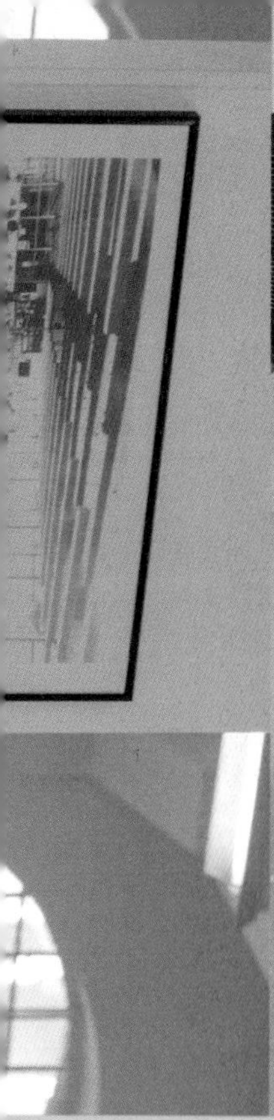

4 一进门就是开阔的办公室。顶棚很高，窗户很大，所以整体很明亮

3 办公室入口处挂着简单的事务所 LOGO。
早上 9 点前，有很多骑自行车通勤的员工

13 点过后，办公室内细长的桌子旁会坐有近 50 名员工，一起享用三明治。因为员工都很年轻，这情形有些像学校里的集体午餐。

不同国籍、性别的员工坐在一起，面对面一起享用午餐，因此没有人拖沓，约 30 分钟就能吃完回去继续工作。几年之内在事务所能达到怎样的程度，自己能做出什么设计——胸怀这种挑战的想法，年轻的设计师从各国聚集于此地。将这种志向转变为力量，活力充沛地持续成长，这就是 MVRDV 建筑师事务所的特点。

MVRDV 建筑事务所（以下简称 MVRDV）在日本设计的项目有东京表参道的综合大楼“GYRE”（2007 年竣工）和新潟县松代町的“松代雪国农耕文化中心”（2003 年竣工，见 176 页），都是引人注目的建筑。

成立 MVRDV 的是三位名不见经传的年轻人。共同创建者维尼 · 马斯、雅各布 · 范里斯和纳塔莉 · 德维雷斯是荷兰代尔夫特理工大学校友。维尼在建筑以外还学习了城市设计和景观设计，雅各布学的是化学。在设计之前进行彻底的调查分析、重视城市与设计的关系，是 MVRDV 的特征之一。

1991 年，维尼和雅各布任职于 OMA（参见 96 页），纳塔莉在代尔夫特的梅卡诺设计事务所工作，三人组成团队获得了竞赛的优胜奖。1993 年，三人在鹿特丹设立了事务所。

“他们的办公室是不是的确很奇特呢？”在乍暖还寒的

7 引导我们参观的是负责宣传工作的伊莎贝尔·帕格尔（Isabelle Pagel）。
她曾在德国的设计事务所以设计师身份工作过。
因被荷兰自由工作的氛围以及 MVRDV 的有趣性所吸引，继而转职

6 一层办公室的最里面也有面向中庭的窗户，所以很明亮。
员工的桌子根据单人的项目或者部门而区分开来

5 接待处的柱子上挂着印刷工厂时代的黑白照片。为了让厂长一眼望尽楼层全景，这里原本就很少隔间

2016年3月，笔者心怀期待地造访了MVRDV。由鹿特丹中央车站向西南方行进，离市中心稍远一点的地方，就是办公室的位置。在褐色砖瓦的建筑群的一角，飘扬着印有MVRDV标志的旗帜。建筑外表并不夸张奇特，保留了具有100年以上历史的建筑特征，并根据功能需求进行了改造。

通勤的员工接二连三地骑着自行车来上班，依次进入这栋建筑。入口旁边就是接待前台，柱子上挂着老旧的黑白照片。办公室的这栋建筑物以前是印刷厂。照片上记录了印刷厂当时的样子。

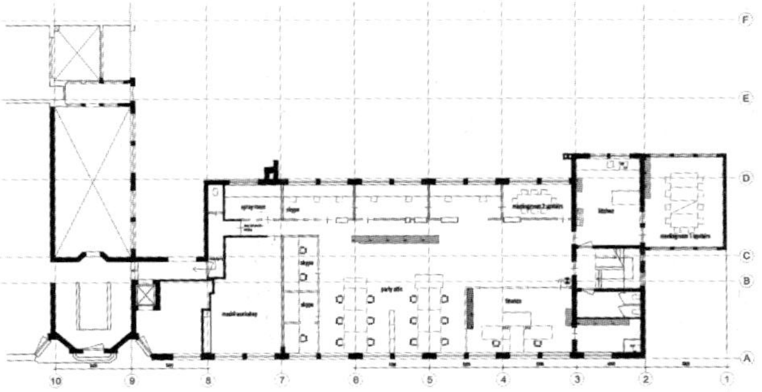

办公室二层

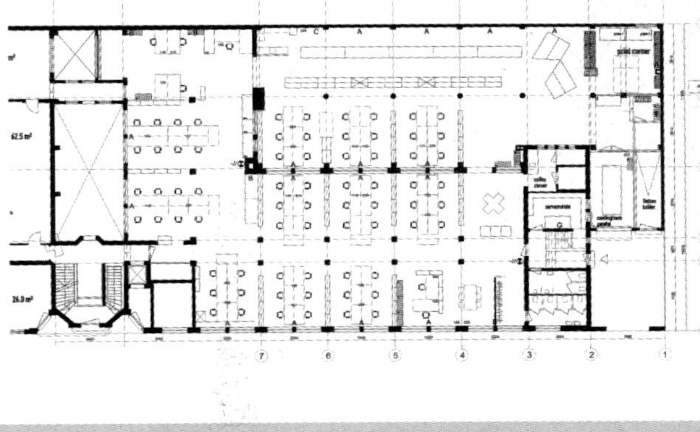

办公室一层

8 二层的模型室。
MVRDV 没有用木材或塑料来做漂亮的模型，
而是选择了实惠而且好打理的泡沫材料。
这是为了能不断地把想法实现成模型，进而进行多次讨论

9 采访中经过员工的身边，大家也都安静着继续工作。
办公室里经常有大人或者小孩来访，“把模型摆在这里
也是为了对项目进行介绍。”伊莎贝尔说道

10 午餐时间有两次，根据不同部门而分开进行。
下午 1 点的时候第一批 50 人过来，30 分钟吃完。
然后剩下的第二批 50 人过来就餐

MVDRV 进驻这里是十多年前的事情了。建筑在构造上几乎没有改造，保留了高高的顶棚和间隔很少的空间，使办公室具有开放感。阳光透过大窗户照射进来，保证了即便在室内最里面的角落都是明亮的。

办公室分成两层，地下层是停车场和保管模型的资料室。引导我们参观办公室的是负责宣传工作的伊莎贝尔·帕格尔。设计员工工作的地方，到处放着蓝色的泡沫制的模型。“这是为了维尼、雅各布和纳塔莉三人巡回办公室的时候，能对项目的进行状况一目了然。”伊莎贝尔解释道。

从世界各地聚集而来的年轻人

员工们都在看着电脑，安静地工作着。员工相对年轻，平均年龄在 30—32 岁。其中将近一半是荷兰人，除此之外以法国人和中国人居多。“MVRDV 最近致力于法国和中国的项目，在中国进行中的项目是 MVRDV 的项目中迄今为止最大规模的。”伊莎贝尔说道。在鹿特丹配置员工 125 人，在上海配置 5 人，设计业务几乎都在鹿特丹进行。

从早上到傍晚集中工作、不提倡加班是荷兰的工作主旋律。大家能很好地在工作和生活之间转换，在工作之余，事务所全体员工就像一个大家庭一样和睦。周五的夜晚，在事务所里经常会举行烤肉或者宴会等。

13 办公室二层的景象。
墙上密密麻麻地贴着最新项目的照片，这是为了让负责设计的员工知道，现在事务所在向媒体或外界宣传着什么

12 对于提到事务所或者项目的新闻，会尽量展示在墙壁上，供所有人观看

11 把办公室一层的工作间和长桌分隔开的书架。
为了让客户在商洽时方便阅览，书架上摆着画册

度过欧洲债务危机后，创造出代表作

MVRDV 自成立以来，已经过了二十多年，积累的实际成果使知名度上升了。可是,“快速成长是这两年的事情”，共同创建者之一雅各布说道。

1990 年 MVRDV 成立时，荷兰经济景气很好。“我们很幸运。当时的荷兰思想开放，积极向前，而且年轻又积极的建筑事务所很多。顺着这个潮流，自己成立事务所以后仅仅数年的时间，就建成了好几座建筑。”雅各布回忆道。

事务所成立后不久，就着手了荷兰西尔弗瑟姆的 VPRO 本部设计项目,项目于 1997 年建成。从那之后评价提高了，项目委托接二连三地到来，员工也增加到了 80 名左右。

可是，2010 年发生的欧洲债务危机严重地影响了荷兰。“很多设计事务所关闭，很多设计师失业了”，雅各布说。MVRDV 也把员工数减少至 65—70 人以抵御这场危机。

终于度过了经济萧条谷底的 2014 年，MVRDV 完成了能影响事务所发展前景的大型项目——鹿特丹的“市场大厅”。项目历时约 10 年，总耗费 1.75 亿欧元，占地面积达到 9.5 万平方米。

市场大厅的形状像切成一半的竹筒。中央挑空的部分是货摊和餐厅等组成的食品市场，竹筒的部分是 228 户的住宅。地下层是超市和可容 1200 个车位的停车场。该建筑曾获得评价欧洲绿色建筑的 BREEAM（BRE Environment Assessment Method）颁发的优秀奖，此外还获得 15 个建筑奖项，这成了 MVRDV 的代表作。

15 鸟瞰市场大厅的全貌。
面积约 1.1 万平方米的巨大壁画是艺术家阿尔诺·克嫩（Arno Coenen）和伊丽丝·罗斯坎姆（Iris Roskam）的作品

14 位于鹿特丹市内，建成于 2014 年的“市场大厅”
将中空的地方设为市场，周围部分全是住宅，总户数有 228 户。
高约 40 米，一层部分长 120 米，宽 70 米，几乎有一个足球场那么大

17 2016年，为了纪念鹿特丹战后复兴75周年，根据MVRDV的设计，
在一段时期内设置了高 29 米、长 57 米的巨大楼梯

16 2015 年在中国上海建成的“上海虹桥机场花瓣楼”是商业兼办公用楼，
4 栋楼的最上层连接在一起，从上面看下来，现状像花一样。

19 设在二层的雅各布和纳塔莉的工作室。
夫妇俩一起工作的情形时常映入眼帘，
受其影响，事务所内有很多员工成为恋人

18 共同创建者雅各布·范里斯的办公室在一层。
他在事务所时，会依次到每个部门进行一分钟的巡查，一整天都在进行商洽。
他与另一名共同创建者纳塔莉·德维雷斯在学生时代是恋人，现在是夫妻

改变立场的时候到了

设计委托再次增加，员工在两年里从 60 多名增加到 130 名左右，人数翻了倍。对于工作的增加，一方面感到高兴，另一方面，雅各布感到“项目数量急速增加，以前的做法越来越难持续了。”

在事务所人数还不多的时候，维尼、雅各布和纳塔莉三人既是员工的上司，也是能促膝探讨的前辈，还负责公司的人事业务，与员工的关系很亲密。可是，工作量的剧增使三人变得很忙，很难全面照顾到急剧扩大的事务所。

2015 年，经过大约一年时间的讨论，三人决定从 2016 年 4 月起改用新的组织体制。

新体制是直线领导型。负责设计的员工按照不同项目被分配到总人数 15—20 人的部门里，每个部门设有领队。在雅各布等三人下面还有管理全部部门的经理，负责管

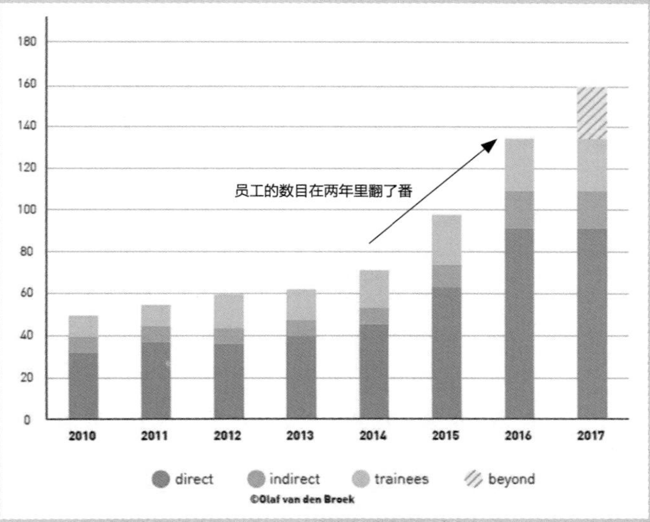

20 在新体制里，根据项目和地区分为各有 20 人左右的部门，还设置了统管全部部门的经理

21 新办公室南侧外观。入口在中间

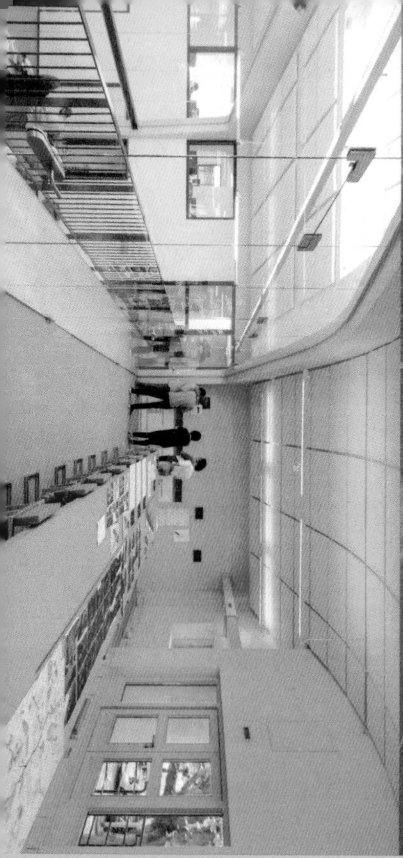

理事务所全体人员，根据工作密度来将员工调整、分配至各部门。

以前，员工只是简单地在各项目小组之间调动。可是最近大型的项目有所增加，工作也变得复杂，所以需要在一定程度上固定部门的成员。

据雅各布介绍，今后的两三年之内，计划把员工数增加至 150—160 名。为此还新聘用了通晓法律的人员来负责招聘。

面对团队的扩大，朝新的方向“蜕变”

随着规模的扩大，MVRDV 于 2016 年 6 月搬到了新办公室，并迎来了新阶段。为了让员工意识到事务所的“蜕变”，搬迁办公室也起到了很大作用。

位于从 2014 年完成的市场大厅徒步约 5 分钟的地方，有一座和旧办公室一样、楼龄接近 100 年的老建筑。这里去市中心很方便，是许多年轻创业者成立事务所的地方。

MVRDV 进驻了这座建筑的低层，对内部进行了改装，设置了面积约为 2400 平方米的新办公室。“迄今为止使用的旧办公室已经容不下过度增加的员工。工作间和商洽空间都太过拥挤而使人无法集中精力。”雅各布说道。

设计小组首先将新办公室大致分成工作空间和交流空间两大部分来进行计划。交流空间集中在建筑物南侧的入口附近，那里设置了接待前台和午餐用的长桌，被命名为“家庭室”。

24 交流空间里放着比以前更长的桌子。
除了用餐和商洽以外，还用作活动和演示

23 新办公室的工作间。
和旧办公室相比，顶棚更高，每一名员工的空间也
更加宽敞。“我很喜欢这个斜屋顶”，雅各布说道

22 外部员工也能一起商洽的宽敞的会议室。
根据不同主题，分别统一内部装潢和家具色调据说，在新办公室的设计中，彻底分析了福斯特及合伙人建筑事务所（见 68 页）或 OMA（见 96 页）所采用的设计，并作为参考。

面向追求责任感的下一个阶段

在前途莫测的情况下，MVRDV 并未孤注一掷地扩大规模。在这几年里，事务所和荷兰建筑师协会的来往有所增加，这也是组织改变的导火索。

“最初认为协会是老派作风，不适应国际潮流。因此想要改变组织，设计师的想法也要改变，变得更加国际化。”雅各布说道。

纳塔莉在 2015 年成为了首位协会的女性会长。“迄今为止，MVRDV 被认为是由打破常识的员工组成的事务所。可是现在协会的会长就在 MVRDV 里，所以事务所也要担任起一些社会责任。”雅各布说道。

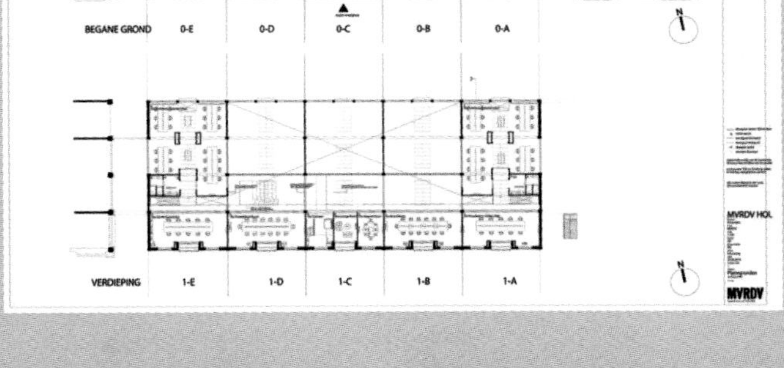

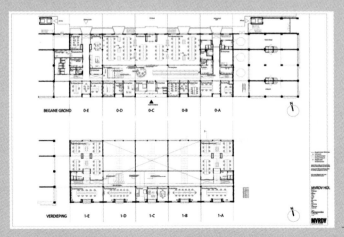

新办公室平面图（上图是一层，下图是二层）

25 担任新办公室设计的小组。
照片右边的埃兰·德施林（Erin Deshnink）说，
“因为我们是有创造力的事务所，包括确定椅子和桌子的颜色等阶段在内，每个设计阶段都一边听取大家的意见一边进行。”

26 根据员工的要求，接待室、会议室、读书室和吸烟室等不同用途的 11 个房间配置在一、二层的南侧

27 将入口处连至二层的宽大的台阶是为了供来访的小孩坐着听讲，以及内部活动等使用而建造的

事务所提出来的方案都是追求年轻、新鲜以及有创新性的内容。可是，小事务所逐渐变大，雇佣和职场环境的运营方法也受到了关注，单靠一股冲劲是不行的。以年轻的姿态面向这个社会的 MVRDV，从此要驶向成熟。

能把自己的技能发挥得淋漓尽致的地方

我在早稻田大学研究生院的调查旅行时访问了荷兰，遇到了 MVRDV 的建筑。他们的建筑非常有趣，我萌生了在这个事务所工作的念头。在那之后，我从博士学业中休学，前往荷兰。

在 MVRDV 工作是在 1999—2001 年。一开始担任的是国外的项目，第二年负责了新潟县松代町某文化设施的设计项目。该文化设施是松代雪国农耕文化村中心的“农舞台”，我在回日本后也一直参与项目直到其建设完成。

我在回国后还保留着 MVRDV 的深刻影响。抱着试试看的心态，与弟弟和妻子三人成立了事务所，向客户演示的时候曾经效仿了 MVRDV 的手法。MVRDV 制作的小册子的内容以图表为主，每一页只记载一项内容。这样一来，无论谁翻到哪一页，内容都是按同样的顺序出现。可是这样的方法在日本行不通。因为在荷兰喜欢讨论的人很多，只要有说服力的故事就能行得通。另一方面，在日本，如果故事情节太充实，会让人感到怀疑，要给客户自己思考的余地，这是我后来察觉到的。那个时候再次认识到 MVRDV 的组织构造是基于对荷兰的风土人情、国民性、经济状况等有着深刻认识，并对其进行最大化利用的结果。

新潟县松代町里田野环绕之处，有着 MVRDV 着手的项目——松代雪国农耕文化村中心的“农舞台”。
这里经常下大雪，所以建筑的中央部分被抬高了。
左边的照片是外观，右边的照片是建筑下面设置的半露天的活动空间“广场”。

在MVRDV工作时，大家一起吃午餐的习惯十分独特。时间很短，只有15分钟左右。想要花费一个小时吃午餐的西班牙人无法忍受这么短的午餐时间，总是在抱怨（笑）。

员工都集中精力地进行工作。我若是加班的话，会被同事批评，“不要做这种降低劳动单价的事情。”同事当时的表情十分严肃。他们的想法是长时间劳动会使每小时的劳动价值降低。无论如何也无法完成工作的时候，只能偷偷地把工作带回家。我还记得因为没完成工作感到很羞愧而无法启齿的感觉。

专职工作和作为学生大不一样。在MVRDV，没有员工翻看画册，大家都已经把要用的信息记在脑中。重要的不是在事务所磨炼自己的技术，而是能让事务所支付多少钱来给自己的工作，估计这样想的人很多。“想在公司里学些什么”这样的想法，恐怕在世界级的设计事务所是行不通的。

（口述）

MVRDV 共同创建者维尼·马斯（右）和吉村靖孝（左）。这是2002年维尼·马斯来访日本时拍摄的

YASUTAKA YOSHIMURA

吉村靖孝

1972年出生。
1997年毕业于早稻田大学理工学研究科。
利用文化厅派遣艺术家赴外研究制度赴荷兰，
1999—2001年在MVRDV工作。
回国后与弟弟和妻子设立了设计事务所SUPER-OS。
2005年成立吉村靖孝建筑师事务所。
自2013年起作为特聘教授任教于明治大学。
设计了中川政七商店新办公楼、锯南的合宿所等

"One-Firm Firm"。团结一致的企业——

拥有约 5000 名专家的集团，在世界展开 46 个分支机构的 Gensler 的理念。

业务规模从内部装修扩大到大规模建筑设计的原动力在于，

有机结合社内人才和知识的力量。

把 5000 个人的个性"集结"成不同案例

将公司人材、信息数字化在世界各地灵活运用

Gensle

Gensler 建筑公司

1 员工站在样本前，交换意见。
Gensler 旧金山分公司里到处摆放着样本，还附有负责人的名片

OFFICE LOCATION
办公地点

Gensler 建筑公司概况	平均年龄	营业额
成立	不明	9 亿 1500 万美元（约 61 亿人民币）
1965 年	**全世界分支机构数**	**客户**
创建者	46 处	日本迅销公司、
亚瑟·小甘斯勒（Arthur Gensler Jr.）	**进行中的项目**	Facebook、
员工数	委托项目的公司超过了 2500 家	美国运通公司
5000 人以上		**大型项目**
		上海中心大厦（2015 年）

2 创建者亚瑟·小日斯勒历经半个世纪，使一开始仅有 3 名员工的事务所成长为超过 5000 人的公司

3 旧金山办公室的外观

GENSLER

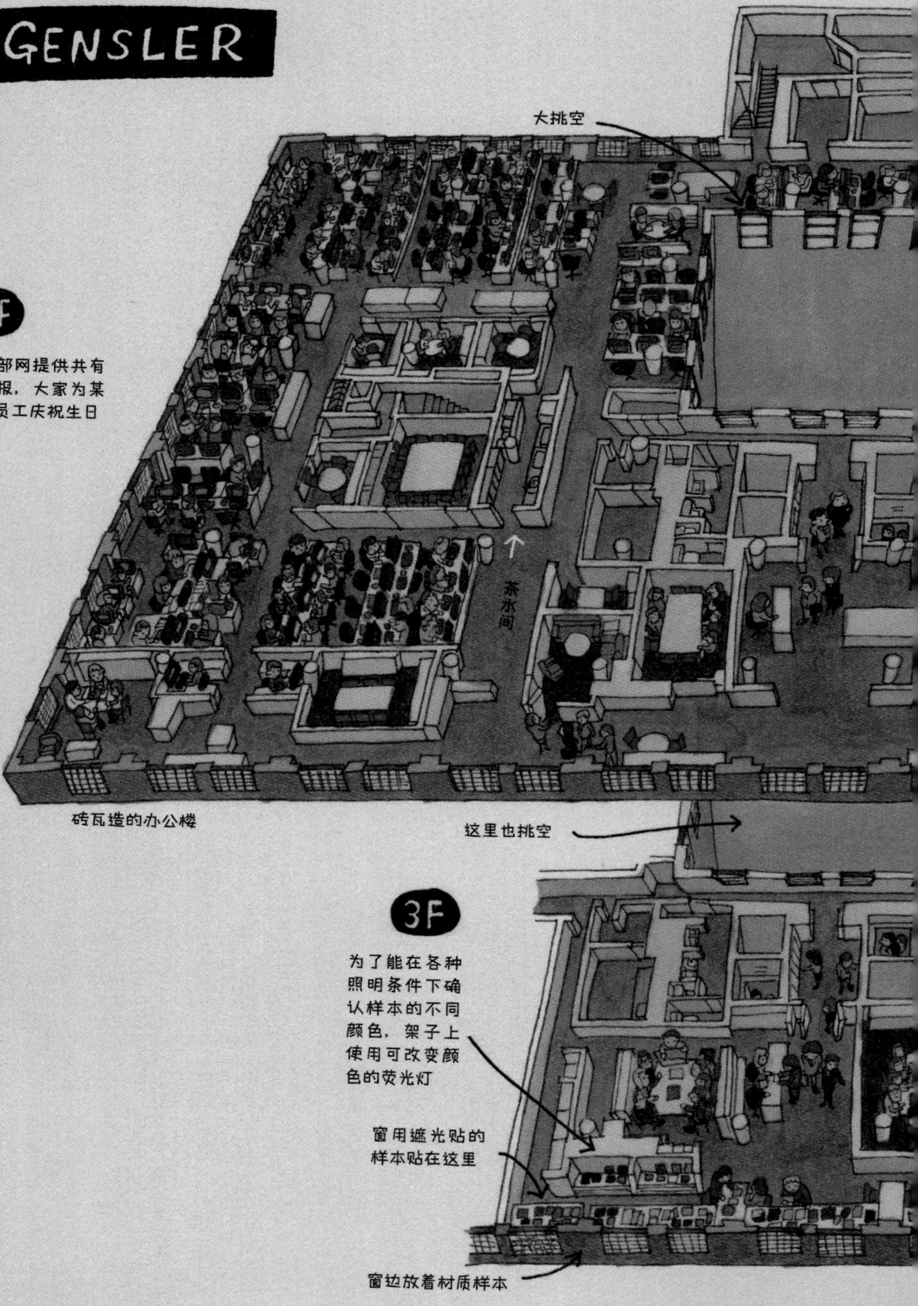

大挑空
4F
内部网提供共有情报，大家为某个员工庆祝生日
茶水间
砖瓦造的办公楼
这里也挑空
3F
为了能在各种照明条件下确认样本的不同颜色，架子上使用可改变颜色的荧光灯
窗用遮光贴的样本贴在这里
窗边放着材质样本

[手绘：kucci]

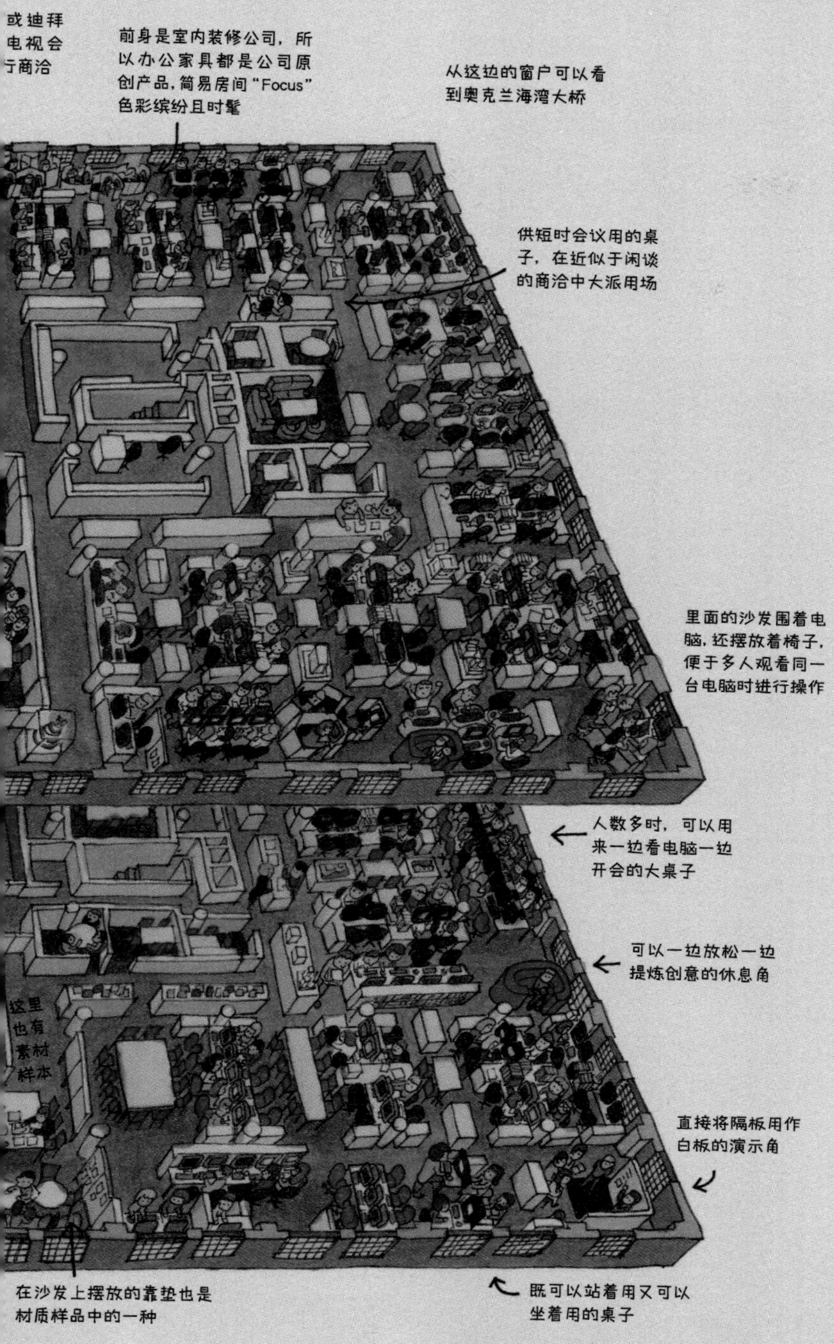

或迪拜
电视会
行商洽
前身是室内装修公司，所以办公家具都是公司原创产品，简易房间“Focus”色彩缤纷且时髦
从这边的窗户可以看到奥克兰海湾大桥
供短时会议用的桌子，在近似于闲谈的商洽中大派用场
里面的沙发围着电脑，还摆放着椅子，便于多人观看同一台电脑时进行操作
人数多时，可以用来一边看电脑一边开会的大桌子
可以一边放松一边提炼创意的休息角
这里也有素材样本
直接将隔板用作白板的演示角
在沙发上摆放的靠垫也是材质样品中的一种
既可以站着用又可以坐着用的桌子

5 办公室的通道上排列着样本，
所以自然产生了随时闲聊一般的小型会议。
也有美国以外国籍的员工，职场很国际化

4 从窗外望去，可以清楚地看到奥克兰海湾大桥，桥连接着旧金山市与隔岸相对的奥克兰市。
周围一排排的建筑都是大型网络公司谷歌、服装公司盖璞（GAP）等耳熟能详的美国企业

透过窗户能体验到连接旧金山市和奥克兰市的奥克兰海湾大桥带来的压迫感。创建了半个世纪的 Gensler 建筑公司，在第一个设立的旧金山分公司里有着 650 名员工。办公室所处的地方是沿海的高级地区，原本是咖啡工厂。空间里还留有当时的影子——顶棚很高，宽敞得无法一眼望到全貌。

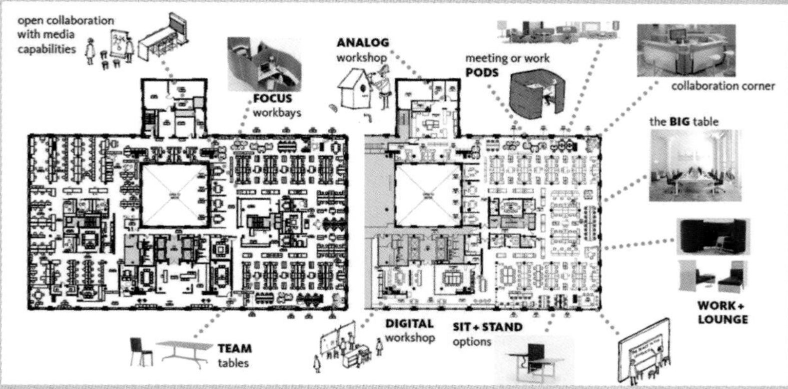

Gensler 是以内部装修为强项的世界性建筑公司。2008 年，这家公司拥有约 3500 名员工。在雷曼危机之后调整人员，一度减少至 2800 人，由于在北美、中东、中南美地区和中国的业务扩大，现在急剧增至 5000 人以上。规模是有着 2547 名员工（2016 年 4 月统计）的日建设计集团的两倍。从内部装修、建筑设计到咨询，业务范围十分广泛。2015 年建成的距地面高达 632 米的“上海中心大厦”（上海塔）是打败了竞争者福斯特及合伙人建筑事务所和美国 KPF 建筑师事务所而赢得了竞赛的项目，此举成了街坊热议的话题。可以说是世界上最有朝气的建筑事务所。

8 把遮光薄膜贴在向阳的窗户上，
这样的陈列更易于员工们提出设计构思的建议

7 撤掉商洽空间的墙壁，
在商洽什么项目一目了然

6 为了提高效率，缩短时间，
在通道上摆放了架子和桌子，可以站着进行会议

从 2000 年开始的办公室改革

从不停止成长的 Gensler，其优势在于员工的多样性。摆放着平坦长桌的旧金山分公司的开放式空间里，聚集了从世界各国而来的不同人种的员工。墙上贴着一排又一排进行中的项目的相关信息，沿通道设置的长桌上摆放着进行中项目的样本和参与员工的名牌。

拿着咖啡杯经过的员工在某个样品前停住脚步。在他定睛阅览项目内容时，其他员工向他搭话。

“这个颜色是不是太鲜艳了？”

“没有，在阴暗的光线下看起来刚刚好。”

谈话变得热烈起来，更多的员工会加入进来。就像这样，办公室的每个角落都会随时开始现场会议。

这样的空间体现了活跃的办公室氛围，可是在 2000 年之前，在旧金山市金融街所设的办公室，采用了每个员工都由隔板隔开的美国式办公室配置。过去 20 年里担任 Gensler 改革的主管——达恩·威尼（Dan Winey）认为，要实现“One-Firm Firm”理念，就要重视透明性。为了制造出易于交流的办公室，首先要撤掉把员工围起来的“围墙”。

向透明性办公室的转换和分支机构的急剧扩大同时进行。Gensler 为了帮助具有深厚信赖关系的客户——美国的 Facebook 和日本的迅销公司——进军世界，各分支机构协力对其进行支持。威尼在 12 年里参与了 10 个分支机

10 在事务所里进行名为“work lab”的项目，
向客户提出新的工作方式前，员工先自己进行体验

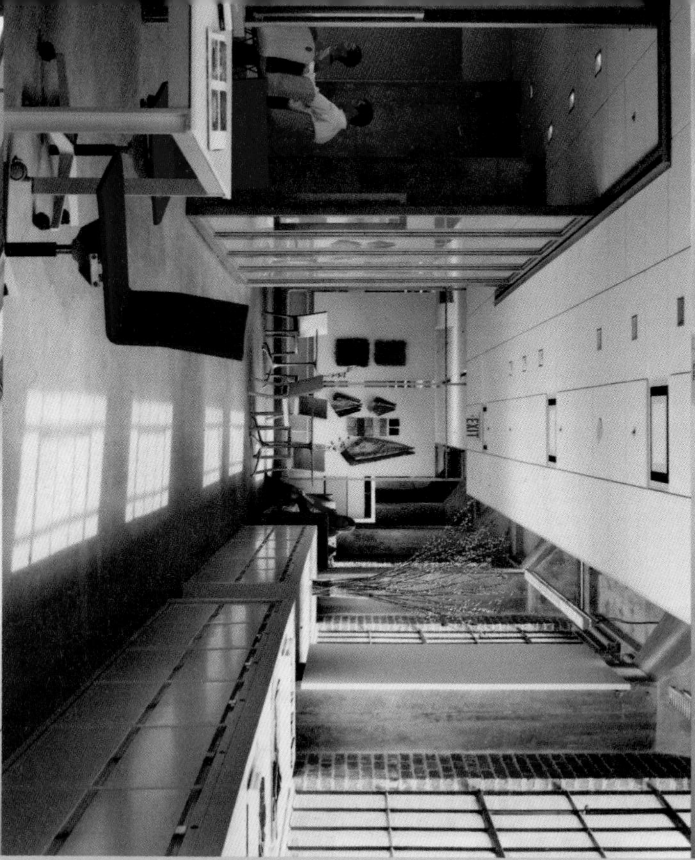

9 因为是从内部装修起家的公司，所以办公用品和家具都是自己公司造的。
整个办公室空间本身就是面向来访者的样品

构的建立。在进军的地区增加顾客，现在已经在全世界拥有 2500 家以上的客户。

对信息系统的投资促进了事务所内部的交流

为了对国际化客户尽职尽责，筹备了能最大化地利用各个人才资源的组织系统。其核心是信息系统的建设。比如说，员工桌子上摆放的电话内线可拨通至全世界 46 个分支机构。输入名字的第一个字母能轻易地检索到 5000 名员工中任何一人的内线号码，一个按键就能拨通。

DAN
WINEY

达恩 · 威尼
主管
（太平洋西北区域、亚洲负责人）

拥有将近 30 年的建筑经验，
过去 12 年里，
在世界各国新设立了 10 个分支机构。
1993 年起参与 Gensler 的改革，
致力于事务所内部网络的建设和
国外分支机构的扩展。

此外，网罗了公司信息的内部网里包含所有员工和项目的资料，都能立即查阅。其中不仅有每个员工会说的语言和业务经历，还包括拥有何种资格证书和能力、正在参与哪个项目等详细的信息。

威尼说，“从组织整体上考虑，对信息系统的投资其实是有利于节约经费的。”最大化地活用拥有经验和技术的内部人才，既能提高效率，又能使项目达到最好的成果。而

12 将平时被围住的会议室开放，
形成了员工自然而然聚集起来做演示的区域

11 透过办公室的玻璃墙能看到员工的脸。
这是为了彻底贯彻信息透明化，促进员工间的联系且还能通过有许多项目经验的员工去共享企业文化，将人和人联系起来，使多种多样的知识能在组织里积累起来。在这样的良性循环之下，Gensler 具备了承担大型建筑项目的实力。

从三大领域分成 31 个职位

迄今为止，员工习得的专业技能大致针对 3 个领域：来源于商业的“办公空间”（WORK PLACE），创造丰富生活空间的“生活方式”（LIFE STYLE），以及创造出社会联系的“社会领域”（COMMUNITY）。在这三个分类的基础上再细分成 31 个专门职位，在这个体制里，每个职位领域里都有经验丰富的专家，能够跨越办公室和地域的界限去支持项目。

不同的分支机构所擅长的领域不同。比如说，纽约分公司擅长办公空间的设计。机场等的设计是洛杉矶分公司擅长的。像这样分散在世界各地的专家们，在获取了大型项目时，会聚集到项目所在地。2016 年，在上海聚集了从世

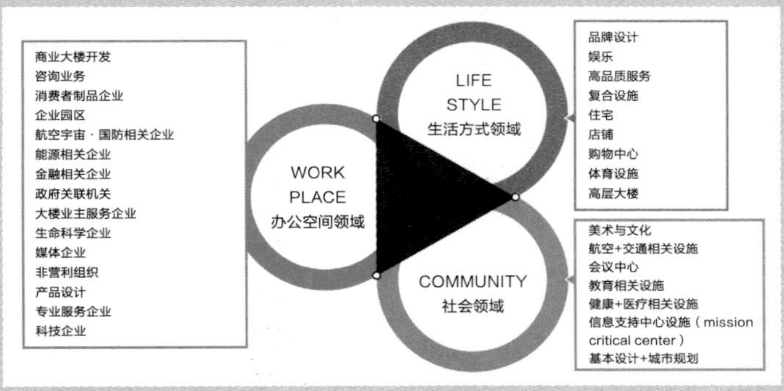

14 旧金山分公司里摆放着木材和塑料等材料制作的模型

13 创建于 1965 年的 Gensler 最初是以室内装修为主要业务的事务所。
根据客户的要求，在各个领域培养了专职人员，因此积累了应对超高层大楼设计项目的能力

界各地招聘的员工，其目标是上海中心大厦的设计。

上海分公司设立于2002年，现在拥有200名员工。可是，在上海中心大厦项目启动的2007年之时，只剩下约20名员工。通过在当地聘用员工，规模很快就达到了50人。

可是，在设计超高层大楼的这个项目里，未能召集齐所有领域的员工。威尼说，“在设计的各个方面，再加上零售业和娱乐业等方面，大型项目在品牌树立和图像表

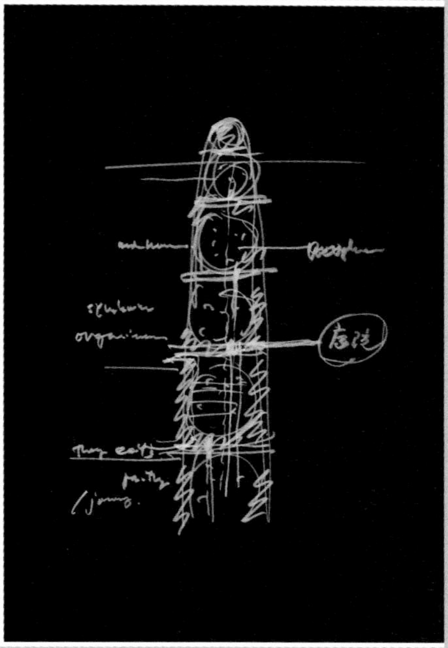

上海中心大厦的初期草图

现等各个领域都需要专家。”威尼从Gensler在世界各地的分公司里召集了人力资源。

聚在一起的专家们作为“技术的传授者”，起到了授予当地员工新知识的作用。上海中心大厦的项目组在项目启动三年后，规模达到了150多人。

17 蜿蜒扭曲的结构是为了展现“龙从地面破土而出”，因此，又被称为“龙大厦”

16 Gensler 通过设计 2015 年秋竣工的“上海中心大厦”（上海塔）而备受世界瞩目。
原因在于，在英国福斯特及合伙人建筑事务所等署名建筑事务所参加的竞赛中，Gensler 脱颖而出，取得了胜利

15 在集中工作时大派用场的贝壳形小隔间

上海中心大厦“并非完美”

上海中心大厦项目给人留下了深刻的印象，看起来是一个很成功的项目。可是，威尼坦言道，“从财务方面看来，不能说是完美的成功。这是公司当作投资来做的一个项目。”Gensler 此前从未经手过这样的超高层大楼设计项目，在设计上花费了过多的经费。

可是，这个经验也是 Gensler 的战略之一。第一次的挑战会造成许多浪费，对品质的追求造成时间和费用都超过了预期。尽管如此，通过完成地标性项目，在计划进军的地区，Gensler 的名声大大提高了。

完成了中国最高且人人知晓的上海中心大厦，这个成绩就是 Gensler 的名片。威尼说，“希望能有机会获得东京的超高层大楼设计项目。”

19 上海中心大厦的外墙是一边旋转 120 度、
一边螺旋上升的扭转形外观

18 从世界各地的分公司召集来了品牌树立、图像表现、零售、娱乐等各种领域的专家。
上海中心大厦项目组一开始只有几十个人，三年后组员超过 150 人

公司内部的任何信息都能在点击三次鼠标后获取

我在 2013 年转职到了 Gensler。现在正在参与机场改建等项目。刚进公司时，我对信息的透明性感到惊讶。连接到公司的内部网后，无论对于什么信息，都能在点击鼠标三次以后得到全部内容。

对于进行中的项目，任何人都可以查阅到其人员配置和日程。对于新人也是一视同仁。我曾在其他美国企业工作过，我觉得这是一个信息透明性很高的企业。

高度的信息透明性是因为全世界的员工被融合到一起。各地区的主管每两周进行一次电话会议，来交换项目的信息。人才配置是各个地区的主管负责的，因为很开明也很乐于沟通，大家都会马上找主管商量。用日本的话说，就是能轻松地和人事部商量人事调动。

办公室的氛围也很活泼，下班后有很多员工聚会。多数是一边喝酒一边谈笑，有时还有面向受灾地区的捐款活动。前几天有一封紧急邮件，召集大家一起来进行热烈的掰手腕比赛，直到深夜。像这样，与项目无关的交流很丰富，是 Gensler 的特征。与其竞争设计的好坏，更重视共享一样的价值观、重视对话，这是 Gensler 的企业文化。

（口述）

HAJIME ISHIKAWA

石川肇

助手石川肇拥有在设计半导体的美国企业里工作的经验。
他说，和其他企业比起来，在 Gensler 有珍贵的高度自由。

七成以上的客户是回头客

“Gensler 为曾一度辞职后又再回来的员工敞开大门。”一边这么说着，一边展示给我们一个木制飞镖的是 Gensler 东京分公司负责人山本那智子。飞镖是复职的象征，表面刻着辞职日期和复职日期。山本从纽约分公司辞职后，在朋友经营的事务所担任主管一职。习得了办公室管理技术的山本以负责人的身份来到Gensler东京分公司。“还有员工拥有两个以上的飞镖。”山本说道。

开设于 1993 年的东京分公司是 Gensler 的第 31 个分支机构，在亚洲是老牌事务所。当初由纽约调过来的员工担任负责人，但是为了加深和日本客户的联系，熟知美日情况的山本被选中了，因为在日本开展事业就要理解这个国家最根源的文化。

东京分公司约有 80 名员工，核心业务是室内装修设计。不仅与日本之外的国家的客户已有合作，比如美国的 Facebook 驻日本办事处的搬迁项目，还有农业机器制造商——洋马总部的设计项目等，项目涉及的领域在不断扩展。我们和委托项目的客户保持着长久关系，“7 成以上是回头客”，山本说道。

NACHIKO
YAMAMOTO

山本那智子

东京分公司负责人、一级建筑师、纽约州建筑师

东京都立大学建筑学专业毕业。1981 年赴美国。
以纽约为据点，25 年间活跃于建筑、室内装修领域。
2005 年以担任 Gensler 东京分公司主管为契机而回国。
任职至今。

不是“我”而是“我们”在工作

Gensler 的文化在于“协作”。员工互相协作的团结力量是组织扩大的原动力。山本向我们说明了“不是‘我’而是‘我们’在工作的思考方式”。培养的员工在对其他国家的分公司的项目感兴趣时，会产生举手参加的欲望。

东京分公司里，一位提出“想在外国工作”的员工被送到旧金山分公司工作三年。那位员工在美国担任了零售商店等的设计，现在回国成为小组领导。类似这样的人事变动很频繁。

采访时，东京分公司正好刚刚迎来来自印度和新加坡的女员工。来自新加坡分公司的安·阿利斯泰尔（An Alistair）说，“收到调动至东京分公司的通知是在一周之前。”据说她在赴日本前与山本通过邮件取得联系，大致了解了在日本担任的职责。

来自印度班加罗尔分公司的撒哈娜·拉贾戈帕（Sahana Rajagopal）说：“印度的城市在急速发展，我想把在东京学到的东西带回班加罗尔。”

Gensler 东京分公司位于面向青山大道的大楼里。透过窗户可以看到神宫外苑沿着道路排列的银杏树

来自新加坡分公司的安·阿利斯泰尔（右）和来自印度班加罗尔分公司的撒哈娜·拉贾戈帕（左）

后记

欧美和日本的建筑文化差异很大。既然是这样，为何还要向外国的事务所学习他们的工作方式呢？理由之一是，从国外的角度来看，日本的建筑界处于“锁国状态”。

“日本的建筑界太过于封闭了。通过合资企业之类的方式来和外国企业合作的例子非常罕见。”这话出自澳大利亚最大的房地产投资开发商兼联实（Lend Lease）集团日本分公司的总经理兼 CEO 安德鲁 · 戈西（Andrew Gauci）。联实曾派出项目经理（PM）与佩里 · 克拉克 · 佩里建筑事务所（PCPA）在马来西亚的吉隆坡石油双塔项目合作过。

戈西总经理敲响了警钟，他对只追求眼前利益的日本建筑界的评价是“缺乏危机感”。目前日本国内的建筑热潮受到 2020 年东京奥运会的利好影响，这种风平浪静还会持续一段时间。可是再继续这么安于现状的话，日本建筑界恐怕将落后于世界的建筑业发展。戈西总经理告诉了我们他的看法，“虽然日本的绿色建筑（环保性能高的建筑）的设计和施工基准不至于恶劣，但与国外相比还是明显落后的。”

霍普金斯建筑师事务所是环境设计的先驱者，其设计积极争取达到绿色建筑的最高水准，而世界各大主要城市对绿色建筑的需求日益增加。因为他们比客户更加清楚，集齐了最先进的环境技术并且经由第三方机关认证的建筑，才会有优良的租户进驻。

日本的建筑师若是不屑一顾地认为“只需要知道日本的一般评价标准就行了”，而不去学习国外的环境效益评估标准的话，当回过神来，会发现已经太晚了。

如果想要了解国外的情况，就需要先了解建筑师的责任范围的不同。PCPA 日本分公司的代表光井纯介绍道：“国外的企业家会将一个项目同时委托给数家专门的承包商，所以要确保在设计时制作的 BIM（建筑信息模型 Building Information Modeling）能够直接用于施工。”

在日本，通常是大规模的建筑公司把构思图、构造图、设备图等统合起来绘制最终的设计图，但在国外却是建筑师负责跟进到最终的图纸。这样一来，建筑师承担的风险很大，“但所得的报酬也会增加”，光井说道。

请试着想象 2020 年以后的日本，随着人口的急剧减少，国内市场环境将要面临内需大幅度减少的危机。日本的建筑事务所为了开拓新市场而远渡重洋的未来即将来临。

“年轻建筑师应该放眼海外”，这样的建议不在少数。为了迈向世界，就需要了解国外的先进事例，进而决定自己的前进方向，希望本书能成为这样的指南针。

江村英哲

作者介绍

江村英哲｜ Emura Hideaki

《日经建筑》记者。1975 年出生于日本岐阜县。1999 年从明治大学经营学专业本科毕业。2003 年完成了美国加利福尼亚州立大学弗雷斯诺分校的新闻传媒学专业的研究生学业，入职日经 BP 公司。在《日经商业日报》担任了制造业领域的负责人之后，自 2011 年起在《日经快报》（NQN）负责股票市场的采访。自 2015 年起就任现职。

菅原由依子｜ Sugawara Yuiko

《日经建筑》记者。生于 1982 年。2005 年毕业于东京工业大学工学部社会工学专业。于 2007 年完成了同校社会理工学学院社会工学专业的学业，入职日经 BP 公司。曾以编辑记者的身份就职于关于环境经营的杂志《日经生态》、关于外出就餐的杂志《日经餐厅》、关于健康信息杂志《日经健康》，自 2014 年起就任现职。

日经建筑

1976 年创刊，是关于建筑业综合信息的杂志。不仅涉及建筑设计、构造、设备、施工等领域，还网罗了从建筑界相关的社会、经济动态，到经营管理的实际业务等范围广泛的信息。每月出刊两期，官方网站每天更新。受到一级建筑师以及建筑事务所、建筑公司和建筑相关行政部门从业人士的喜爱。

译者介绍

张维

2009 年毕业于中山大学城市规划专业，2012 年在日本的神户大学取得建筑学硕士学位，现居日本。曾三次前往汶川地震灾区考察，参与过建筑、防灾等论文著作的翻译。

《日经建筑》刊登期次

2015 年 12 月 25 日号	霍普金斯建筑师事务所
	佩里·克拉克·佩里建筑师事务所
	大都会建筑事务所（OMA）
	Gensler 建筑公司
2016 年 2 月 11 日号	福斯特及合伙人建筑事务所
2016 年 5 月 26 日号	伦佐·皮亚诺建筑工作室
2016 年 9 月 8 日号	MVRDV 建筑事务所

照片摄影者、提供者、资料提供者等

1 | RPBW

伦佐·皮亚诺（Renzo Piano）建筑工作室

1、2、5、6、15-19、21-24、26、第 33、35 页的照片 | Stefano Goldberg

3、7、25 | RPBW/Fondazione Renzo Piano

4 | 石田俊二

8 上、12、13 | Denancé，Michel

8 下 | Arcaid

9 上 | RPBW/Fondazione Renzo Piano/KIAC/Kawatetsu

9 下 | Viewpicture

10 | ADCK/RPBW/John Gollings

11、第 34 页 | BerengoGardin，Gianni

14 | Martin, Chris

20 | Karin Jobst

图面、草图资料提供 | RPBW/Fondazione Renzo Piano

2 | PCPA | 佩里·克拉克·佩里建筑师事务所

2、3、16-23、第 51 页图中照片 | 佩里·克拉克·佩里建筑师事务所

1、4-15、第 62、64、65、67 页的照片 | 桧佐文野

第 63 页的照片 | Jeff Goldberg/ESTO

第 60、61 页的照片 | 江村英哲

第 66 页 | Yasuo Nishizaki

3 | 福斯特及合伙人建筑事务所

1、3、4、11-13、17、第 91 页下 | 永川智子

2 | ManoloYllera

5-10、14-16、19-21 | Nidel Young_Foster+Partners

第 83 页的照片 | 横松宗彦、

18、第 87 页的照片 | 江村英哲

第 90 页的照片 | 都筑雅人

22、23、第 91-93 页的效果图 | Foster+Partners

第 94 页的效果图 | ESA Foster+Partners

图面、草图资料提供 | Foster+Partners

4 | OMA 大都会建筑事务所（OMA）

1、3-8、11-13、第 113、122、133 页的照片 | 桧佐文野

2 | Courtesy of OMA/Photography By Fred Ernst

9、10、14、16-22 | OMA

15 | OMA by Philippe Ruault

图面、草图资料提供 | OMA

5 | Hopkins Architects

霍普金斯建筑师事务所

1、3-13、21、22、第 145 页的照片 | 永川智子

2、第 141 | Hopkins Architects/Tom Miller

13、15、16 | Nathaniel Moore

14 | Anthony Palmer

17-20 | Morley Von Sternberg

第 148-150 页的图 | 三井不动产

第 151 页的照片 | 江村英哲

平面图、截面图提供 | Hopkins Architects

6 | MVRDV 建筑事务所

1、3-13、18-20、25 | 西堀绫子

2 | Allard van der Hoek

14、17、21-24、26、27 | Ossip van Duivenbode

15 | Daria Scagliola/Stijn brakkee

16 | Shen Photo

第 176 页的照片 | 吉田诚

第 177 页上面的照片 | 吉村靖孝建筑设计事务所

第 177 页下面的照片 | 江村英哲

图面资料提供 | MVRDV

7 | Gensler 建筑公司

1、3-5、8、13、14、第 199 页 | 林幸一郎

2、6、7、9-12、15、17、19、第 191 页 | Gensler

16 | Blackstation

18 | Copyright Connie Zhou

第 200-203 页的照片 | 安川千秋

第 203 页上 | 江村英哲

图面、草图资料提供 | Gensler

内封设计、各建筑事务所手绘图 | kucci

著作权合同登记图字：01-2018-6133号

图书在版编目（CIP）数据

走进世界顶级建筑事务所 /（日）日经建筑，（日）江村英哲，（日）菅原由依子著；张维译. — 北京：中国建筑工业出版社，2018.6

ISBN 978-7-112-22129-5

Ⅰ. ①走… Ⅱ. ①日… ②江… ③菅… ④张… Ⅲ. ①建筑设计 — 组织机构 — 概况 — 世界 Ⅳ. ① TU-241

中国版本图书馆CIP数据核字（2018）第081416号

责任编辑：李　婧　刘文昕
责任校对：姜小莲

走进世界顶级建筑事务所

[日]日经建筑
　江村英哲
　菅原由依子　著
张维　译

*

中国建筑工业出版社出版、发行（北京海淀三里河路9号）
各地新华书店、建筑书店经销
北京点击世代文化传媒有限公司制版
北京富诚彩色印刷有限公司印刷

*

开本：880 × 1230毫米　1/32　印张：6½　字数：125千字
2018年7月第一版　2018年7月第一次印刷
定价：55.00 元
ISBN 978-7-112-22129-5
（32011）